高専テキストシリーズ

基礎数学問題集 ［第2版］

上野 健爾 監修
高専の数学教材研究会 編

Fundamental
Mathematics

森北出版

まえがき

　本書は，高専テキストシリーズの『基礎数学』に準拠した問題集である．各節は，[**まとめ**]に続いて，問題を難易度別に配置した．詳しい構成は，下記のとおりである．

まとめ　　いくつかの要項

原則的に，教科書『基礎数学』にある枠で囲まれた定義や定理，公式に対応したものである．ここに書かれていることは，問題を解いていくうえで必要不可欠であるので，しっかりと理解してほしい．

A 問題　　教科書の問レベル

教科書の本文中の問に準拠してあり，問だけでは足りない分を補う役割を果たしている．これらの問題が解ければ，これ以後の学習に必要な内容が修得できるように配慮してある．

B 問題　　教科書の練習問題および定期試験レベル

教科書で割愛された典型的な問題も，この中に例題として収録し，直後にその理解のための問題をおいている．また，問題を解くうえで必要な [**まとめ**] の内容や関連する [**A**] の問題などを参照できるように，要項番号および問題番号を [→] で示している．

C 問題　　大学編入試験問題レベル

過去の入試問題を参考にして，何が問われているかを吟味したうえで，それに特化した問題に作り替えたものである．基礎的な問題から応用問題まで，その難易度は幅広いが，ぜひチャレンジしてほしい．

▦マーク　　数表や関数電卓を用いる問題

数学の理解には計算力は必須であるが，情報や電卓，コンピュータなどの機器を利用するのも数学力を鍛える1つの道である．

解　答

全問に解答をつけた．とくに [**B**]，[**C**] 問題の解答はできるだけ詳しく，その道筋がわかるように示した．

　数学は，自らが考え問題を解くことによって理解が深まるものである．本書を活用することで，自分で考える習慣を身につけ，『基礎数学』で学習する内容の理解をより確実なものにしてほしい．また，大学編入試験対策にも役立つことを願っている．

2020 年 12 月

高専テキストシリーズ　執筆者一同

目　次

数と式の計算

1 数とその計算

=== まとめ ===

1.1 計算法則

- ［交換法則］ $A + B = B + A,$ $AB = BA$
- ［結合法則］ $(A + B) + C = A + (B + C),$ $(AB)C = A(BC)$
- ［分配法則］ $A(B + C) = AB + AC,$ $(A + B)C = AC + BC$

1.2 等式の性質

(1) $A = B$ ならば $A + C = B + C,$ $A - C = B - C$

(2) $A = B$ ならば $AC = BC$

(3) $A = B$ ならば $\dfrac{A}{C} = \dfrac{B}{C}$ （ただし，$C \neq 0$）

1.3 不等式の性質

(1) $a > 0,\ b > 0$ ならば，$a + b > 0,\ ab > 0,\ \dfrac{a}{b} > 0$

(2) $a < b,\ b < c$ ならば，$a < c$

(3) $a < b$ ならば，$a + c < b + c,\ a - c < b - c$

(4) $a < b$ のとき，$c > 0$ ならば $ac < bc,\ \dfrac{a}{c} < \dfrac{b}{c}$

                     $c < 0$ ならば $ac > bc,\ \dfrac{a}{c} > \dfrac{b}{c}$

1.4 実数の性質   任意の実数 $a,\ b$ について

$$a^2 \geqq 0 \quad (\text{等号は } a = 0 \text{ のときだけ成り立つ})$$

である．また，$a^2 + b^2 = 0$ が成り立つのは $a = b = 0$ のときに限る．

1.5 絶対値 $|a| = \begin{cases} a & (a \geqq 0 \text{ のとき}) \\ -a & (a < 0 \text{ のとき}) \end{cases}$

$$|a| \geqq 0 \quad (\text{等号は } a = 0 \text{ のときだけ成り立つ})$$

1.6　絶対値の性質　a, b を実数とするとき，次の性質が成り立つ.

(1) $|-a| = |a|$

(2) $|a|^2 = a^2$

(3) $|ab| = |a||b|$

(4) $\left|\dfrac{a}{b}\right| = \dfrac{|a|}{|b|}$　$(b \neq 0)$

1.7　根号と絶対値　$\sqrt{a^2} = |a|$

1.8　根号の性質　$a > 0, b > 0$ のとき

(1) $\sqrt{a}\sqrt{b} = \sqrt{ab}$

(2) $\dfrac{\sqrt{a}}{\sqrt{b}} = \sqrt{\dfrac{a}{b}}$

1.9　複素数の相等　i を虚数単位 $(i^2 = -1$ となる数$)$，a, b, c, d は実数とするとき，$a + bi = c + di$ が成り立つのは $a = c$ かつ $b = d$ のときである.

1.10　共役複素数　$\alpha = a + bi$ に対して，$\overline{\alpha} = a - bi$ を α の共役複素数という.

1.11　負の数の平方根　$a > 0$ のとき，$\sqrt{-a} = \sqrt{a}\,i$，とくに，$\sqrt{-1} = i$

A

Q1.1　次の等式は，恒等式または方程式のいずれであるか答えよ.

(1) $(x + 2)^2 = x^2 + 4$

(2) $(x + 1)(x + 2) = x^2 + 3x + 2$

(3) $(a + b)(a - b) = a^2 - b^2$

(4) $t^2 = 2t - 1$

Q1.2　次の式を ( ) 内の文字について解け.

(1) $y = -3x + 5$　(x)

(2) $c = \dfrac{a + b}{2}$　(a)

(3) $xy = 2x + y$　(y)

(4) $y = \dfrac{1}{x} - 3$　(x)

Q1.3　次の不等式を解き，解を数直線上の範囲として表せ.

(1) $7x + 4 > 2x - 11$

(2) $2x - 9 \geqq 5x - 3$

(3) $x + 2 < 3x - 4$

(4) $x - 2 \leqq -3x + 14$

(5) $\dfrac{x}{4} + 2 > \dfrac{x}{2} - 1$

(6) $\dfrac{3}{2}x + \dfrac{1}{3} > \dfrac{4}{3}x - \dfrac{1}{2}$

Q1.4　次の連立不等式を解け.

(1) $\begin{cases} x - 5 < 1 \\ x + 6 > -2 \end{cases}$

(2) $\begin{cases} -3x + 5 < -4 \\ 2x - 6 > 2 \end{cases}$

(3) $\begin{cases} -x + 5 \leqq 1 \\ 2x - 10 < 1 \end{cases}$

(4) $\begin{cases} 4x + 6 > 1 \\ -2x + 7 \leqq 1 \end{cases}$

Q1.5 次の分数を小数で表せ.

(1) $\dfrac{74}{25}$　　　　(2) $\dfrac{5}{3}$　　　　(3) $\dfrac{2}{11}$　　　　(4) $\dfrac{4}{37}$

Q1.6 次の小数を分数で表せ.

(1) 1.875　　　　(2) $0.\dot{1}$　　　　(3) $0.\dot{2}\dot{7}$　　　　(4) $0.1\dot{3}\dot{5}$

Q1.7 次の数を, 絶対値の記号を用いないで表せ.

(1) $|-5|$　　　　(2) $|4-7|$　　　　(3) $|3|-|-4|$

(4) $|2-\pi|$　　　　(5) $|1-\sqrt{3}|$　　　　(6) $|3-2\sqrt{5}|$

Q1.8 次の 2 点 A, B 間の距離 AB を求めよ.

(1) $A(1), B(12)$　　　　(2) $A(-1), B(8)$　　　　(3) $A(-5), B(-2)$

(4) $A(9), B(-7)$　　　　(5) $A(-\sqrt{3}), B(-6)$　　　　(6) $A(3), B(2\sqrt{2})$

Q1.9 次の値を求めよ.

(1) 100 の平方根　　　　(2) 9 の平方根　　　　(3) $\sqrt{100}$

(4) $-\sqrt{9}$　　　　(5) $-\sqrt{4^2}$　　　　(6) $\sqrt{(-4)^2}$

Q1.10 次の式を, 根号内の数字をできるだけ小さい自然数で表せ.

(1) $\sqrt{72}$　　　　(2) $\sqrt{48}\sqrt{3}$　　　　(3) $\sqrt{\dfrac{20}{45}}$　　　　(4) $\dfrac{\sqrt{24}\sqrt{15}}{\sqrt{10}}$

(5) $2\sqrt{12}-\sqrt{75}+4\sqrt{3}$　　　　(6) $\left(\sqrt{6}-\sqrt{2}\right)^2$

(7) $\left(\sqrt{3}+1\right)\left(\sqrt{3}-1\right)$　　　　(8) $\left(4\sqrt{2}+3\right)\left(3\sqrt{2}-4\right)$

Q1.11 次の分数の分母を有理化せよ.

(1) $\dfrac{2}{\sqrt{6}}$　　　　(2) $\dfrac{1}{3-2\sqrt{2}}$　　　　(3) $\dfrac{\sqrt{7}+\sqrt{5}}{\sqrt{7}-\sqrt{5}}$　　　　(4) $\dfrac{5-2\sqrt{3}}{2-\sqrt{3}}$

Q1.12 $\sqrt{3}\fallingdotseq 1.732, \sqrt{5}\fallingdotseq 2.236$ とするとき, 次の値の近似値を求めよ.

(1) $\dfrac{10}{\sqrt{5}}$　　　　(2) $\dfrac{1}{2-\sqrt{3}}$　　　　(3) $\dfrac{2}{\sqrt{5}-\sqrt{3}}$　　　　(4) $\dfrac{3-\sqrt{3}}{3+\sqrt{3}}$

Q1.13 次の複素数の実部と虚部を求めよ. また, 実数と純虚数を選べ.

(1) $1-\sqrt{2}i$　　　　(2) $-i$　　　　(3) $\sqrt{9}\,i$

(4) $\sqrt{4}$　　　　(5) $\dfrac{2}{3}+\dfrac{7}{3}i$　　　　(6) $\dfrac{1}{3}-\dfrac{\sqrt{5}}{2}i$

Q1.14 $\alpha=1+2i, \beta=2-3i$ のとき, 次の計算をせよ.

(1) $\alpha+\beta$　　　　(2) $2\alpha-3\beta$　　　　(3) $\alpha\beta$

(4) $\alpha^2+\beta^2$　　　　(5) $\alpha(\alpha-\beta)$

Q1.15 次の等式が成り立つように，実数 x, y の値を定めよ．

(1) $(2 + xi) - (y - 3i) = -3 + 4i$　　　　(2) $(4 - 3i)x - (5 + 2i)y = 10 - 19i$

Q1.16 次の式を計算し，$a + bi$（a, b は実数）の形で表せ．

(1) $\dfrac{2}{1 - i}$　　　　(2) $\dfrac{i}{3 + 4i}$　　　　(3) $\dfrac{5 + 4i}{i}$

(4) $\dfrac{3 + 2i}{2 - 3i}$　　　　(5) $\dfrac{1 + 2i}{i}$　　　　(6) $\dfrac{1}{2 + 3i} + \dfrac{1}{2 - 3i}$

Q1.17 次の計算をせよ．

(1) $\sqrt{-5}\sqrt{-20}$　　(2) $\sqrt{-18}\sqrt{-8}$　　(3) $\dfrac{\sqrt{18}}{\sqrt{-2}}$　　(4) $\dfrac{1}{\sqrt{-4}}$

B

Q1.18 次の式を（　）内の文字について解け．　　　　　　　　　　→ Q1.2

(1) $y = \dfrac{1 - x}{1 + x}$　(x)　　　　(2) $c = a + \sqrt{a^2 + b}$　(b)

(3) $\dfrac{1}{z} = \dfrac{1}{x} + \dfrac{1}{y}$　(z)　　　　(4) $S = 2(ab + bc + ca)$　(c)

Q1.19 a, b, c, d が実数のとき，次が成り立つことを証明せよ．　　→ まとめ1.3

(1) $0 < a < b$ かつ $0 < c < d$ ならば，$ac < bd$

(2) $a < b$ かつ $c < d$ ならば，$a - d < b - c$

Q1.20 次の小数 a, b を分数で表せ．　　　　　　　　　　　　　　→ Q1.6

(1) $a = 0.1\dot{3}$　　　　　　　　(2) $b = 0.3\dot{4}\dot{5}$

Q1.21 次の問いに答えよ．　　　　　　　　　　　　　　　　　　　→ Q1.6

(1) $S = 1 + x + x^2 + \cdots + x^{n-1}$ のとき，$(1 - x)S = 1 - x^n$ が成り立つことを示せ．

(2) $S = 1 + 0.5 + 0.5^2 + \cdots + 0.5^9$ の値を求めよ．

例題 1.1

次の方程式，不等式を解け．

(1) $|x + 1| = \dfrac{x}{2} + 2$　　　　(2) $|2x + 1| < 7$

- -

解　(1) 絶対値記号の中の式の符号によって場合分けをする．

(i) $x \geqq -1$ のとき，与えられた方程式は $x + 1 = \dfrac{x}{2} + 2$ となる．これを解いて $x = 2$ が得られる．これは $x \geqq -1$ を満たす．

(ii) $x < -1$ のとき，与えられた方程式は $-(x+1) = \frac{x}{2} + 2$ となる．これを解いて $x = -2$ が得られる．これは $x < -1$ を満たす．

よって，求める解は $x = \pm 2$ である．

(2) 絶対値を含む不等式の場合，$a > 0$ であれば

$$|x| < a \text{ ならば } -a < x < a, \qquad |x| > a \text{ ならば } x < -a,\ a < x$$

が成り立つ．これを用いれば，与えられた不等式は $-7 < 2x + 1 < 7$ となるから，各辺に -1 を加えて 2 で割ることによって，求める解は $-4 < x < 3$ となる．

Q1.22 次の方程式，不等式を解け．

    (1) $|x-1| + 2|x| = 3$ (2) $|1-x| > 3$

- -

Q1.23 次の計算をせよ．   → Q1.11

    (1) $\dfrac{1}{2+\sqrt{3}} + \dfrac{1}{2+\sqrt{5}}$ (2) $\dfrac{\sqrt{7}+\sqrt{3}}{\sqrt{7}-\sqrt{3}} + \dfrac{\sqrt{7}-\sqrt{3}}{\sqrt{7}+\sqrt{3}}$

    (3) $\dfrac{\sqrt{2}-2\sqrt{3}}{2\sqrt{2}+\sqrt{3}} + \dfrac{3\sqrt{2}+\sqrt{3}}{3\sqrt{2}-2\sqrt{3}}$

Q1.24 次の分数の分母を有理化せよ．ただし，$a > 0$ とする．   → Q1.11

    (1) $\dfrac{1}{1+\sqrt{5}+\sqrt{6}}$ (2) $\dfrac{1}{\sqrt{2}+\sqrt{5}+\sqrt{7}}$

    (3) $\dfrac{\sqrt{a}+1}{\sqrt{a}-1}$ (4) $\dfrac{\sqrt{a+2}+\sqrt{a}}{\sqrt{a+2}-\sqrt{a}}$

例題 1.2

$\sqrt{7 - 2\sqrt{10}}$ を $\sqrt{a} - \sqrt{b}$ の形に表せ．ただし，$a > b > 0$ であるとする．

- -

解 $a > b > 0$ のとき，

$$\left(\sqrt{a} \pm \sqrt{b}\right)^2 = a \pm 2\sqrt{ab} + b \quad \text{（複号同順）}$$

であることから，

$$\sqrt{a + b \pm 2\sqrt{ab}} = \sqrt{a} \pm \sqrt{b} \quad \text{（複号同順）}$$

が成り立つ．これを用いれば，

$$\sqrt{7 - 2\sqrt{10}} = \sqrt{5 + 2 - 2\sqrt{5 \cdot 2}} = \sqrt{5} - \sqrt{2}$$

が得られる．この操作を **2 重根号をはずす**という．

Q1.25　次の 2 重根号をはずせ. ただし, $0 < \alpha < 1$ とする.

(1) $\sqrt{6 + 2\sqrt{5}}$　　　　　　　　(2) $\sqrt{7 - 4\sqrt{3}}$

(3) $\sqrt{2 + \sqrt{3}}$　　　　　　　　(4) $\sqrt{\alpha + 1 - 2\sqrt{\alpha}}$

Q1.26　$\alpha = 2 + 3i, \beta = 3 - i$ のとき, 次の複素数を $a + bi$ $(a, b$ は実数$)$ の形で表せ.

→ まとめ 1.10　Q1.14

(1) $\overline{\alpha + \beta}$　　　　(2) $\overline{\alpha\beta}$　　　　(3) $\alpha - \overline{\beta}$　　　　(4) $\overline{\beta - \overline{\alpha}}$

Q1.27　次の式を計算し, $a + bi$ $(a, b$ は実数$)$ の形で表せ.　　　→ Q1.14, 1.16

(1) $(1 + i)^3$　　　　　　　　(2) $i^{73} + i^{74} + i^{75} + i^{76}$

(3) $(1 + i)(1 - i)(2 + i)(2 - i)$　　　(4) $(1 + 2i)(2 + 3i)(3 + i)$

(5) $\dfrac{3 + i}{2 - i} + \dfrac{2 - 3i}{3 + i}$　　　　(6) $\dfrac{3 - 4i}{3 + 4i} + \dfrac{3 + 4i}{3 - 4i}$

Q1.28　次の等式が成り立つように実数 x, y の値を定めよ.　　　→ Q1.15

(1) $3(2x + yi) - 2(y + 5xi) = 4 - 9i$　　(2) $(1 + 2i)x - (-3 + i)y = 8 - 5i$

C

Q1.29　次の等式を満たす実数 A, B を求めよ.　　　（類題：豊橋技術科学大学）

(1) $\left(\dfrac{i}{1 + i} + \dfrac{1 + i}{i} \right)^2 = A + Bi$　　　(2) $\dfrac{1}{2 - 2i} + \dfrac{1}{3 + i} = A + Bi$

2　整式の計算

まとめ

2.1　指数法則　m, n が自然数のとき, 次のことが成り立つ.

(1) $a^m a^n = a^{m+n}$　　　(2) $(a^m)^n = a^{mn}$　　　(3) $(ab)^n = a^n b^n$

2.2　展開公式 I

(1) $(a + b)^2 = a^2 + 2ab + b^2$　　　(2) $(a - b)^2 = a^2 - 2ab + b^2$

(3) $(a + b)(a - b) = a^2 - b^2$　　　(4) $(x + a)(x + b) = x^2 + (a + b)x + ab$

(5) $(ax + b)(cx + d) = acx^2 + (ad + bc)x + bd$

2.3 展開公式 II

(1) $(a \pm b)^3 = a^3 \pm 3a^2b + 3ab^2 \pm b^3$ （複号同順）

(2) $(a \pm b)(a^2 \mp ab + b^2) = a^3 \pm b^3$ （複号同順）

2.4 2次式の因数分解

(1) $a^2 \pm 2ab + b^2 = (a \pm b)^2$ （複号同順）　　(2) $a^2 - b^2 = (a+b)(a-b)$

(3) $x^2 + (a+b)x + ab = (x+a)(x+b)$

(4) $acx^2 + (ad+bc)x + bd = (ax+b)(cx+d)$

2.5 3次式の因数分解　$a^3 \pm b^3 = (a \pm b)(a^2 \mp ab + b^2)$ （複号同順）

A

Q2.1 次の式の係数と次数を答えよ．また，文字 x に着目したときの係数と次数を答えよ．

(1) $2x^3y^2$ 　　　　　(2) $-\dfrac{2}{3}a^3xy^2$ 　　　　　(3) $\dfrac{pq^2x^4}{5}$

Q2.2 次の整式を x について降べきの順に整理して，定数項を求めよ．

(1) $3a^2x - 3x^2 + 2ax^2 - 5a - x + 3$ 　　(2) $2x^2 - 3xy - 2y^2 + 5x + 2y - 5$

Q2.3 次の整式 A, B について，和 $A+B$ と差 $A-B$ を求め，それぞれ x について降べきの順に整理せよ．

(1) $A = 3x^3 - 5x^2 + 2x + 1,$ 　　　$B = -x^3 + 4x^2 + x - 3$

(2) $A = x^3 + 2x^2 + 3x + 4,$ 　　　$B = 1 - 2x + 3x^2 - 4x^3$

(3) $A = 2ax + 1 + ax^3,$ 　　　　$B = ax^2 - x^3 + 7a - 3x$

(4) $A = x^3 + 4a - 2x^2 + 5ax,$ 　　$B = 2 - 2ax^3 + 3ax - ax^2$

Q2.4 次の整式を簡単にせよ．

(1) $2x^3y^2(-3x^4y^5)$ 　　　　(2) $(2ab^2)^3$

(3) $x^2y(-3xy^3)^2$ 　　　　　(4) $(-2st^2)^3(3s^2t)^2$

Q2.5 次の整式を展開し，x について降べきの順に整理せよ．

(1) $3x^2(x^2 - 2x + 3)$ 　　　(2) $xy^2(3x + y - 2)$

(3) $(2x^2 - 2x + 1)(x^2 - x + 2)$ 　　(4) $(x + 3y - 2)(3x - y + 1)$

Q2.6 次の整式を展開せよ．

(1) $(x+2)^2$ 　　　　　(2) $(3a - 2b)^2$

(3) $(2x+3)(2x-3)$ 　　　(4) $(x+5y)(x-5y)$

(5) $(p+2)(p-5)$

(6) $(p+2q)(p+3q)$

(7) $(2x-3)(3x-2)$

(8) $(3m-5n)(2m+7n)$

Q2.7　次の整式を展開せよ.

(1) $(x+1)^3$ 　　　(2) $(2a-b)^3$

(3) $(2t+3)^3$ 　　(4) $\left(\dfrac{x}{2}-2y\right)^3$

(5) $(x+2)(x^2-2x+4)$

(6) $(2p-3q)(4p^2+6pq+9q^2)$

(7) $(2a+1)(4a^2-2a+1)$

(8) $(x-3y)(x^2+3xy+9y^2)$

Q2.8　次の整式を展開せよ.

(1) $(2a+b-1)^2$

(2) $(x^2+x+2)^2$

(3) $(a+b+1)(a+b-3)$

(4) $(x-2y+1)(x-2y+3)$

(5) $(x^2+x+1)(x^2-x+1)$

(6) $(2x+y+1)(2x-y-1)$

Q2.9　次の整式を因数分解せよ.

(1) x^3+4x^2

(2) $12ax^3-8a^2x$

(3) $(ax-1)^4-b(ax-1)^3$

(4) $xy^2(x-y)-y(y-x)$

Q2.10　次の整式を因数分解せよ.

(1) a^2-49b^2

(2) $18x^2-8$

(3) $25x^2-20xy+4y^2$

(4) $3x^2+18x+27$

(5) x^2-4x+3

(6) $4x^2-8xy-12y^2$

Q2.11　次の整式を因数分解せよ.

(1) $2x^2-7x+3$

(2) $4x^2+9x+5$

(3) $6a^2+a-12$

(4) $2t^2-7t-4$

(5) $3x^2-7xy-6y^2$

(6) $6a^2+11ab-10b^2$

(7) $10x^2y^2+21xy+9$

(8) $12p^2-25pq+12q^2$

Q2.12　次の整式を因数分解せよ.

(1) x^3+8

(2) $125a^3-b^3$

(3) $64m^3-27n^3$

(4) $27a^3x^3+8$

Q2.13　次の整式を因数分解せよ.

(1) $(x-3y)^2+2(x-3y)-3$

(2) $a^2+bc-ab-ac$

(3) $x^2+ax-2x-3a-3$

(4) x^3-x^2-6x

(5) x^4-81

(6) x^4-29x^2+100

(7) x^3+x^2-x-1

(8) x^6-y^6

(9) $x^2-3x-y^2+7y-10$

(10) $x^2+2xy+y^2+2x+2y+1$

B

Q2.14 次の整式を展開し，（　）内の文字について降べきの順で表せ．　→ Q2.3, 2.5

(1) $x(x^2 + xy - y^2) - y(x^2 + xy - y^2)$　　(x)

(2) $x^2(y - z) + y^2(z - x) + z^2(x - y)$　　(y)

(3) $(a + b)(b + c)(c + a) + abc$　　(a)

(4) $(a + b)^2 - (b + c)^2 + (c + a)^2$　　(b)

Q2.15 次の整式を展開せよ．　　→ Q2.6〜2.8

(1) $(x - 1)(x^4 + x^3 + x^2 + x + 1)$

(2) $(x + y + z)(x^2 + y^2 + z^2 - xy - yz - zx)$

(3) $(x - 1)(x + 1)(x^2 + 1)(x^4 + 1)$

(4) $(x + y)^2(x - y)^2$

(5) $(x - 2)(x - 1)(x + 1)(x + 2)$

(6) $(x + 2)(x - 2)(x^2 + 2x + 4)(x^2 - 2x + 4)$

(7) $(x + 1)(x + 2)(x + 3)(x + 4)$

(8) $(x + y + z)(x + y - z)(x - y + z)(x - y - z)$

(9) $(x + 1)^4 - 2(x + 1)^2 + 1$

(10) $(x + 1)^3 - 3(x + 1)^2 + 3(x + 1) - 1$

例題 2.1

$2x^2 - 3xy + y^2 + 5x - 4y + 3$ を因数分解せよ．

解　x について降べきの順に整理して，y のみの 2 次式の部分を因数分解する．

$2x^2 - 3xy + y^2 + 5x - 4y + 3$

$= 2x^2 + (-3y + 5)x + y^2 - 4y + 3$

$= 2x^2 + (-3y + 5)x + (y - 1)(y - 3)$

$= \{x - (y - 1)\}\{2x - (y - 3)\}$

$= (x - y + 1)(2x - y + 3)$

文字式でたすきがけを行う．

$$
\begin{array}{ccc}
1 & \diagdown & -(y - 1) \longrightarrow -2y + 2 \\
2 & \diagup & -(y - 3) \longrightarrow \underline{-y + 3} \\
& & -3y + 5
\end{array}
$$

Q2.16 次の整式を因数分解せよ．

(1) $x^2 + 3xy + 2y^2 + 4x + 7y + 3$　　(2) $x^2 - y^2 + 4x - 6y - 5$

(3) $2x^2 - xy - y^2 - 4x - 5y - 6$　　(4) $6x^2 + 7xy - 3y^2 - x - 7y - 2$

例題 2.2

次の整式を因数分解せよ.

(1) $(x^2 - x)^2 - 8(x^2 - x) + 12$ 　　　　(2) $x^4 + x^2 + 1$

解　(1) $x^2 - x = t$ とおくと,

$$(x^2 - x)^2 - 8(x^2 - x) + 12$$
$$= t^2 - 8t + 12$$
$$= (t - 2)(t - 6)$$
$$= (x^2 - x - 2)(x^2 - x - 6)$$
$$= (x - 2)(x + 1)(x - 3)(x + 2)$$

(2) 平方の差の因数分解の公式が使えるように変形する.

$$x^4 + x^2 + 1$$
$$= (x^4 + 2x^2 + 1) - x^2$$
$$= (x^2 + 1)^2 - x^2$$
$$= (x^2 + 1 + x)(x^2 + 1 - x)$$
$$= (x^2 + x + 1)(x^2 - x + 1)$$

Q2.17　次の整式を因数分解せよ.

(1) $(x^2 + x)^2 - 18(x^2 + x) + 72$　　(2) $(x^2 + 3x)^2 - 3(x^2 + 3x) - 4$

(3) $x^4 + 3x^2 + 4$　　　　　　　　　(4) $x^4 + 4$

Q2.18　次の整式を因数分解せよ.　　　　　　　　　　　　　→ Q2.9〜2.13

(1) $a^2 + b^2 + c^2 + 2ab + 2bc + 2ca$

(2) $a^2 b + b^2 c + c^2 a + ab^2 + bc^2 + ca^2 + 2abc$

(3) $a^3 + b^3 + c^3 - 3abc$　　　　　(4) $(a + b + c)^3 - a^3 - b^3 - c^3$

C

Q2.19　次の整式を因数分解せよ.　　　　　　　　　　　　　（類題：福井大学）

(1) $a^2(b - c) + b^2(c - a) + c^2(a - b)$

(2) $9x^4 + 2x^2 y^2 + y^4$

(3) $a^3 + 2a^2 b - a^2 c + ab^2 - 2abc - b^2 c$

3　整式の除法

3.1　商と余り　整式 A, B に対して，関係式

$$A = BQ + R \quad (R \text{ の次数} < B \text{ の次数})$$

を満たす整式 Q を $A \div B$ の**商**，R を**余り**という．とくに，$R = 0$ のとき，A は B で**割りきれる**という．

3.2　剰余の定理　整式 $P(x)$ を 1 次式 $x - \alpha$ で割った余りは $P(\alpha)$ である．

3.3　因数定理　整式 $P(x)$ が $P(\alpha) = 0$ を満たせば，$P(x)$ は $x - \alpha$ を因数にもち，次のように因数分解できる．

$$P(x) = (x - \alpha)Q(x) \quad (Q(x) \text{ は } P(x) \text{ を } x - \alpha \text{ で割った数})$$

以下，分母は 0 でないとする．

3.4　分数式の性質　$\dfrac{A}{B} = \dfrac{A \cdot C}{B \cdot C}, \quad \dfrac{A}{B} = \dfrac{A \div C}{B \div C}$

3.5　分数式の積と商　$\dfrac{A}{B} \cdot \dfrac{C}{D} = \dfrac{AC}{BD}, \quad \dfrac{A}{B} \div \dfrac{C}{D} = \dfrac{A}{B} \cdot \dfrac{D}{C} = \dfrac{AD}{BC}$

3.6　分数式の和と差

$$\dfrac{A}{C} \pm \dfrac{B}{C} = \dfrac{A \pm B}{C}, \quad \dfrac{A}{C} \pm \dfrac{B}{D} = \dfrac{AD \pm BC}{CD} \quad \text{(複号同順)}$$

3.7　繁分数式の計算　$\dfrac{\frac{A}{B}}{\frac{C}{D}} = \dfrac{\frac{A}{B} \cdot BD}{\frac{C}{D} \cdot BD} = \dfrac{AD}{BC}$

3.8　分子の次数を下げる　$A \div B$ の商を Q，余りを R とするとき

$$\dfrac{A}{B} = Q + \dfrac{R}{B} \quad (R \text{ の次数} < B \text{ の次数})$$

A

Q3.1 次の整式 A, B について，$A \div B$ を計算し，商 Q と余り R を求めて，結果を $A = BQ + R$ の形に表せ．

(1) $A = x^3 - 4x^2 + 3x + 4$　$B = x - 2$　　(2) $A = x^3 + 2x^2 + 4$　$B = x + 3$

(3) $A = 2u^3 + 5u^2 + u + 3$　$B = u^2 + 2u - 1$

(4) $A = 4a^3 + 3a + 1$　$B = 2a - 1$

Q3.2 組立除法を用いて次の割り算の商と余りを求めよ．

(1) $(2x^3 - 3x^2 + x - 3) \div (x - 2)$　　(2) $(x^3 - 3x^2 + 2x - 3) \div (x + 2)$

(3) $(t^4 - 8t^2 + 3) \div (t - 3)$　　(4) $(a^4 + 1) \div (a + 1)$

Q3.3 次の値を求めよ．

(1) $P(x) = 6x + 1$ のとき，$P(2)$

(2) $P(x) = 2x^3 + 3x^2 - x + 1$ のとき，$P(-2)$

(3) $P(x) = 4x^4 + 2x^2 + 1$ のとき，$P\left(\dfrac{1}{2}\right)$

(4) $P(x) = 3x^2 - 5x + 2$ のとき，$P(1)$

Q3.4 次の整式 $P(x)$ を（　）内の 1 次式で割ったときの余りを求めよ．

(1) $P(x) = 3x^2 - 4x - 7$　$(x - 3)$　　(2) $P(x) = 2x^3 + 3x^2 - x + 5$　$(x + 1)$

(3) $P(x) = x^3 - 3x^2 - 2x + 1$　$(x + 2)$

(4) $P(x) = 4x^3 - 5x^2 + x - 2$　$(x - 3)$

Q3.5 因数定理を用いて，次の整式を因数分解せよ．

(1) $x^3 - 2x^2 - 5x + 6$　　　　　(2) $x^3 - 4x^2 + x + 6$

(3) $t^3 + 5t^2 - 9t - 45$　　　　　(4) $2u^3 - 7u^2 + 2u + 3$

Q3.6 次の分数式を既約分数式に直せ．

(1) $\dfrac{15ab^7}{10(a^2b^2)^2}$　　　　　　(2) $\dfrac{(6x^2y)^2}{4x^2y^3}$

(3) $\dfrac{x^2 + 4x + 4}{x^3 + 3x^2 - 4}$　　　　　(4) $\dfrac{(x^3 - x)^2}{x^4 + 2x^3 - x^2 - 2x}$

Q3.7 次の分数式を計算し，既約分数式に直せ．

(1) $\dfrac{6xy^6}{3x^2y^3} \cdot \dfrac{x^2y^2}{10x^3y}$　　　　　(2) $\dfrac{8ab^7}{14a^3b} \div \dfrac{6a^6b^3}{7a^5b^2}$

(3) $\dfrac{x^2 - 2x + 1}{x^2 - 3x + 2} \cdot \dfrac{2x^2 - 3x - 2}{x^2 - 1}$　　　(4) $\dfrac{3t^2 + 7t + 2}{t^3 + 8} \div \dfrac{9t^2 - 1}{t^3 - 2t^2 + 4t}$

Q3.8 次の分数式を計算せよ.

(1) $\dfrac{1}{a+2}+3$

(2) $\dfrac{1}{3x^2y}+\dfrac{1}{2xy^2}$

(3) $\dfrac{x^2}{x-y}+\dfrac{y^2}{y-x}$

(4) $\dfrac{3}{x+2}-\dfrac{2}{x+3}$

(5) $\dfrac{x}{x^2-4}-\dfrac{1}{x+2}$

(6) $\dfrac{x+3}{x^2-1}-\dfrac{x-1}{x^2+4x+3}$

Q3.9 次の繁分数式を簡単にせよ.

(1) $\dfrac{\dfrac{1}{4x}}{\dfrac{2x}{3}}$

(2) $\dfrac{1}{1-\dfrac{1}{x+1}}$

(3) $\dfrac{1+\dfrac{1}{y}}{1-\dfrac{1}{x}}$

(4) $\dfrac{\dfrac{b}{a}-\dfrac{a}{b}}{\dfrac{b}{a}+\dfrac{a}{b}}$

(5) $\dfrac{x+\dfrac{1}{x-2}}{x+\dfrac{x}{x-2}}$

(6) $\dfrac{\dfrac{1}{u-2}-\dfrac{1}{u+1}}{\dfrac{1}{u-2}+\dfrac{1}{u+1}}$

Q3.10 次の分数式の分子の次数を下げよ.

(1) $\dfrac{3x-7}{x-3}$

(2) $\dfrac{3x^2+14x-9}{x+5}$

(3) $\dfrac{4x^3+x^2-5x+24}{x^2-2x+3}$

(4) $\dfrac{x^3-2x^2}{x^2+1}$

B

Q3.11 次の割り算の商と余りを求めよ. → Q3.1, 3.2

(1) $(x^2+3x+5)\div(2x+1)$

(2) $(x^3+x^2+2x+3)\div(2x^2+x+2)$

(3) $(x^2+ax+3)\div(x-1)$

(4) $(x^2+4x-1)\div(x+a)$

(5) $(x^7-1)\div(x-1)$

例題 3.1

整式 $P(x)$ を $x+1$ で割った余りが -5, $x-3$ で割った余りが 7 のとき, $P(x)$ を $(x+1)(x-3)$ で割った余りを求めよ.

解 $(x+1)(x-3)$ は 2 次式だから, 余りは 1 次式である. よって, 商を $Q(x)$ とすれば,
$$P(x)=(x+1)(x-3)Q(x)+ax+b$$
とおくことができる. 与えられた条件から, $P(-1)=-5$, $P(3)=7$ となるから
$$\begin{cases} -a+b=-5 \\ 3a+b=7 \end{cases} \qquad \text{よって} \quad a=3,\ b=-2$$
となる. したがって, 求める余りは $3x-2$ である.

Q3.12　整式 $P(x)$ を $x - 2$ で割った余りが 4，$x + 3$ で割った余りが -21 のとき，$P(x)$ を $(x - 2)(x + 3)$ で割った余りを求めよ．

Q3.13　次の問いに答えよ．　　　　　　　　　　　　　　　→ Q3.1, 3.3
(1) $x = \sqrt{3} - 1$ のとき，$B(x) = x^2 + 2x - 2$ の値を求めよ．
(2) $A(x) = x^3 - 3x^2 + 5x + 2$ を $B(x) = x^2 + 2x - 2$ で割ったときの余りを求めよ．
(3) (1)，(2) を利用して，$x = \sqrt{3} - 1$ のとき，$A(x) = x^3 - 3x^2 + 5x + 2$ の値を求めよ．

Q3.14　次の問いに答えよ．　　　　　　　　　　　　　　　→ Q3.4
(1) $x^2 + ax + b$ を $x - 1$ で割ったときの余りが 2，$x + 4$ で割ったときの余りが -3 であるような定数 a, b の値を求めよ．
(2) $x^2 + ax + 3$ を $x + 1$ で割ったときの商が $x + b$ で，余りが -2 となるような定数 a, b の値を求めよ．

Q3.15　次の分数式を計算せよ．　　　　　　　　　　　　　→ Q3.8
(1) $\dfrac{1}{x+1} - \dfrac{2}{x+2} + \dfrac{1}{x+3}$　　　　(2) $\dfrac{1}{x-1} - \dfrac{1}{x+1} - \dfrac{2}{x^2+1}$
(3) $\dfrac{1}{x+1} - \dfrac{2}{(x+1)^2} + \dfrac{1}{(x+1)^3}$　　　(4) $\dfrac{1}{x+y} + \dfrac{1}{x-y} + \dfrac{2y}{y^2-x^2}$
(5) $\dfrac{1}{(x+1)(x+2)} + \dfrac{1}{(x+2)(x+3)} - \dfrac{1}{(x+3)(x+1)}$
(6) $\dfrac{1}{(x-y)(x-z)} + \dfrac{1}{(y-x)(y-z)} + \dfrac{1}{(z-x)(z-y)}$

Q3.16　次の繁分数式を簡単にせよ．　　　　　　　　　　　→ Q3.9
(1) $\dfrac{1}{1 - \dfrac{1}{1 - \dfrac{1}{1-x}}}$　　　　　　(2) $1 - \dfrac{x}{x + \dfrac{1}{x - \dfrac{1}{x}}}$

C

Q3.17　次の整式を因数分解せよ．　　　　　　　　　　（類題：福井大学）
(1) $x^3 - 7x + 6$　　　　　　　　(2) $x^3 - 3x^2 - 14x + 12$

Q3.18　分数式 $\dfrac{4x^2 + 3x - 5}{2x + 3}$ の分子の次数を下げよ．　　（類題：豊橋技術科学大学）

4 方程式

まとめ

4.1 **2次方程式の解の公式** 2次方程式 $ax^2 + bx + c = 0$ の解は,

$$x = \frac{-b \pm \sqrt{b^2 - 4ac}}{2a}$$

4.2 **2次方程式の解の判別** 2次方程式 $ax^2 + bx + c = 0$ は

(1) $D = b^2 - 4ac > 0$ ならば 異なる2つの実数解をもつ.

(2) $D = b^2 - 4ac = 0$ ならば 2重解をもつ.

(3) $D = b^2 - 4ac < 0$ ならば 異なる2つの虚数解をもつ.

4.3 **2次式の因数分解** 2次方程式 $ax^2 + bx + c = 0$ の解を α, β とする.

(1) 2次方程式の解と係数の関係:$\alpha + \beta = -\dfrac{b}{a}$, $\alpha\beta = \dfrac{c}{a}$

(2) 2次式の因数分解:$ax^2 + bx + c = a(x - \alpha)(x - \beta)$

4.4 **分数式を含む方程式についての注意** 分母を払うなどして得られた方程式の解のうち,与えられた方程式の分母を0とするものは除く.

4.5 **無理式を含む方程式についての注意** 両辺を2乗するなどして得られた方程式の解のうち,与えられた方程式を満たすものだけを解とする.

A

Q4.1 次の2次方程式を解け.

(1) $x^2 - 4x - 12 = 0$ (2) $2x^2 - 5x - 3 = 0$

(3) $3p^2 + 4p + 1 = 0$ (4) $2x^2 + 3x = 0$

(5) $x^2 - 10x + 25 = 0$ (6) $9t^2 + 12t + 4 = 0$

Q4.2 解の公式を用いて,次の2次方程式を解け.

(1) $x^2 + 3x + 3 = 0$ (2) $s^2 - 4s + 5 = 0$

(3) $x^2 - x - 1 = 0$ (4) $-2x^2 + 3x - 5 = 0$

(5) $x^2 + \dfrac{1}{2}x + \dfrac{1}{6} = 0$ (6) $x^2 - \sqrt{3}x - 1 = 0$

Q4.3 次の2次方程式の解を判別せよ.

(1) $2x^2 + 3x + 5 = 0$ (2) $x^2 + 3x - 6 = 0$

(3) $3x^2 + 5x - 4 = 0$ (4) $4x^2 + 20x + 25 = 0$

Q4.4 次の 2 次方程式が 2 重解をもつように k の値を定め，そのときの 2 重解を求めよ．

(1) $x^2 - 6x + 2k + 5 = 0$　　　　(2) $x^2 + 2kx + k + 2 = 0$

(3) $kx^2 + 2(k + 3)x + 16 = 0$　　(4) $kx^2 + 2(k - 2)x + 2k - 1 = 0$

Q4.5 次の 2 次方程式の解を α, β とするとき，$\alpha + \beta$, $\alpha\beta$ の値を求めよ．

(1) $7x^2 + 2x + 5 = 0$　　　　(2) $3x^2 + 9x - 10 = 0$

Q4.6 次の 2 次式を因数分解せよ．

(1) $x^2 - 4x - 6$　　　　　　(2) $3x^2 - x - 5$

(3) $x^2 + 2x + 5$　　　　　　(4) $2x^2 - 5x + 7$

Q4.7 次の方程式を解け．

(1) $x^3 - x = 0$　　　　　　　(2) $x^3 - 2x^2 = 0$

(3) $x^4 - 4x^2 = 0$　　　　　　(4) $x^3 - x^2 - 2x = 0$

(5) $x^3 - 2x^2 - x + 2 = 0$　　(6) $x^3 - 5x - 2 = 0$

(7) $2x^3 - x^2 - 8x + 4 = 0$　　(8) $x^4 - x^3 + x^2 - 3x - 6 = 0$

(9) $3x^4 - 8x^3 + x^2 + 8x - 4 = 0$　(10) $x^4 - 3x^3 - x^2 - 3x + 18 = 0$

Q4.8 次の連立方程式を解け．

(1) $\begin{cases} 2x + y = 1 \\ -5x - 3y = 2 \end{cases}$　　　　(2) $\begin{cases} 2x + 5y = 1 \\ 3x + 7y = -1 \end{cases}$

(3) $\begin{cases} x + 3y + z = 6 \\ 3x + 10y + z = 17 \\ 2x + 6y + z = 11 \end{cases}$　　(4) $\begin{cases} x + 2y + z = 3 \\ 4x + 7y + z = 2 \\ -3x + 3y - 2z = 3 \end{cases}$

(5) $\begin{cases} x + y = 1 \\ y = x^2 - 2x - 1 \end{cases}$　　(6) $\begin{cases} x^2 + y^2 + 2x = 9 \\ 2x + y = 3 \end{cases}$

Q4.9 次の方程式を解け．

(1) $\dfrac{3}{x - 4} = -x$　　　　　　(2) $\dfrac{1}{x - 1} - \dfrac{x}{x + 1} = \dfrac{1}{x^2 - 1}$

(3) $\dfrac{x}{x + 2} - \dfrac{2x}{x - 1} = -\dfrac{6}{x^2 + x - 2}$　(4) $\dfrac{2x + 5}{x^2 + 2x - 3} - \dfrac{4}{x + 3} = 1$

Q4.10 次の方程式を解け．

(1) $\sqrt{x} = x - 2$　　　　　　(2) $2x + 1 = \sqrt{4 - 7x}$

(3) $x + 2 = \sqrt{3x + 4}$　　　　(4) $\sqrt{2x - 3} + 3 = x$

B

Q4.11 次の 2 次方程式の解を判別せよ. ただし, a は実数とする. → Q4.3

(1) $x^2 - 2ax - 4 = 0$ (2) $x^2 + 2ax + a^2 = 0$

(3) $3x^2 + ax + a^2 = 0$ (4) $ax^2 - 4x - 2 = 0$

例題 4.1

2 次方程式 $3x^2 + 5x + 2 = 0$ の解を α, β とするとき, 次の式の値を求めよ.

(1) $\alpha^2 + \beta^2$ (2) $\dfrac{1}{\alpha} + \dfrac{1}{\beta}$

解 解と係数の関係から, $\alpha + \beta = -\dfrac{5}{3}, \alpha\beta = \dfrac{2}{3}$ である.

(1) $\alpha^2 + \beta^2 = (\alpha + \beta)^2 - 2\alpha\beta = \left(-\dfrac{5}{3}\right)^2 - 2 \cdot \dfrac{2}{3} = \dfrac{13}{9}$

(2) $\dfrac{1}{\alpha} + \dfrac{1}{\beta} = \dfrac{\beta + \alpha}{\alpha\beta} = \dfrac{-\dfrac{5}{3}}{\dfrac{2}{3}} = -\dfrac{5}{2}$

Q4.12 2 次方程式 $2x^2 - 3x + 5 = 0$ の解を α, β とするとき, 次の式の値を求めよ.

(1) $\alpha + \beta$ (2) $\alpha\beta$ (3) $\alpha^2 + \beta^2$ (4) $\alpha^3 + \beta^3$

(5) $\dfrac{1}{\alpha} + \dfrac{1}{\beta}$ (6) $(\alpha - \beta)^2$ (7) $\dfrac{\beta}{\alpha} + \dfrac{\alpha}{\beta}$ (8) $\dfrac{1}{\alpha + 2} + \dfrac{1}{\beta + 2}$

例題 4.2

次の 2 つの数を解にもつ 2 次方程式を作れ.

(1) $2, -5$ (2) $-1 - \sqrt{3}, -1 + \sqrt{3}$

解 2 数 α, β を解にもつ方程式は, $(x - \alpha)(x - \beta) = 0$ である.

(1) 求める方程式は $(x - 2)(x + 5) = 0$ である. ゆえに, $x^2 + 3x - 10 = 0$

(2) 求める方程式は $\left\{x - (-1 - \sqrt{3})\right\}\left\{x - (-1 + \sqrt{3})\right\} = 0$ である. これを展開すれば, $x^2 + 2x - 2 = 0$ となる.

別解 $(x - \alpha)(x - \beta) = x^2 - (\alpha + \beta)x + \alpha\beta$ である. (1) の場合,

$$\alpha + \beta = 2 + (-5) = -3, \quad \alpha\beta = 2 \cdot (-5) = -10$$

であるから, 求める方程式は $x^2 + 3x - 10 = 0$ となる.

Q4.13　次の 2 つの数を解にもつ 2 次方程式を作れ.

(1) $-\dfrac{2}{3},\ \dfrac{1}{6}$　　　　(2) $\dfrac{-1-\sqrt{5}}{2},\ \dfrac{-1+\sqrt{5}}{2}$　　　　(3) $\dfrac{1-2i}{3},\ \dfrac{1+2i}{3}$

Q4.14　2 次方程式 $x^2 - x + 2 = 0$ の 2 つの解を $\alpha,\ \beta$ とするとき, 次の条件を満たす 2 次方程式を作れ.　　　　　　　　　　　→ **例題** 4.1, 4.2　**Q4.5**

(1) $2\alpha,\ 2\beta$ を解にもつ 2 次方程式

(2) $\alpha + 1,\ \beta + 1$ を解にもつ 2 次方程式

(3) $\dfrac{\beta}{\alpha + 1},\ \dfrac{\alpha}{\beta + 1}$ を解にもつ 2 次方程式

Q4.15　x についての 2 次方程式 $x^2 - 2x + m = 0$ が次のような 2 つの解をもつように, m の値を定めて, そのときの解を求めよ.　　　　→ **Q4.5**

(1) 一方の解が他の解の 2 倍　　　　(2) 2 つの解の差が 1

(3) 2 つの解の比が 2 : 3

Q4.16　因数分解を利用して, 次の方程式の解を求めよ.　　　→ **例題** 2.2　**Q2.17, 4.7**

(1) $2x^4 - 5x^2 - 3 = 0$　　　　　　(2) $(x^2 + x)^2 - 18(x^2 + x) + 72 = 0$

(3) $x^4 + x^2 + 1 = 0$　　　　　　　(4) $x^4 + 4 = 0$

Q4.17　a, b, c, d が次の式を満たすとき, a, b, c を, d を用いて表せ.　　　→ **Q4.8**

$$\begin{cases} a + b + 4c + d = 0 \\ b + 2c + d = 0 \\ 2a + 3b + 4c + d = 0 \end{cases}$$

Q4.18　A, B の 2 人が 60 km の道のりを自転車で走る. 2 人同時に出発して, A は一定の速さでゴール地点まで走った. B は A より 30 分遅れて中間地点に到着し, そこから速さを倍にして残り半分を走り, ゴール地点には A と同時に到着した. 2 人が走った速さと, 出発からゴールまでにかかった時間を求めよ.　　→ **Q4.8**

Q4.19　1 つの川に沿って A, B の 2 つの町がある. この町の間を時速 12 km の船で往復すると 9 時間かかり, 時速 20 km の船で往復すると 5 時間かかる. 川の流れる速さが一定として, 2 つの町の間の距離と川の流れの速さを求めよ. ただし, A が川の上流, B が川の下流にあるとして考えよ.　　　→ **Q4.9**

Q4.20 3 次方程式 $ax^3 + bx^2 + cx + d = 0 \ (a \neq 0)$ が $x = \alpha, \ \beta, \ \gamma$ を解にもつとき,

$$ax^3 + bx^2 + cx + d = a(x - \alpha)(x - \beta)(x - \gamma)$$

と因数分解される. このことを使って次の問いに答えよ. 　　　→ **例題** 4.1, 4.2

(1) 1, -2, 3 を解にもつ 3 次方程式を作れ.

(2) 次の関係式が成り立つことを示せ.

$$\alpha + \beta + \gamma = -\frac{b}{a}, \quad \alpha\beta + \beta\gamma + \gamma\alpha = \frac{c}{a}, \quad \alpha\beta\gamma = -\frac{d}{a}$$

[この関係式を, **3 次方程式の解と係数の関係**という.]

(3) 3 次方程式 $2x^3 + 3x^2 - 2x - 5 = 0$ の解を $\alpha, \ \beta, \ \gamma$ とするとき, $\alpha + \beta + \gamma$, $\alpha\beta + \beta\gamma + \gamma\alpha, \ \alpha\beta\gamma, \ \alpha^2 + \beta^2 + \gamma^2$ の値をそれぞれ求めよ.

C

Q4.21 連立方程式 $\begin{cases} x^2 - 3xy - 10y^2 = 0 \\ 3x + xy - 10y - 30 = 0 \end{cases}$ を解け. 　　（類題：豊橋技術科学大学）

2 集合と論理

5 集合と論理

まとめ

5.1 共通部分と和集合

$$A \cap B = \{x \,|\, x \in A \text{ かつ } x \in B\}, \quad A \cup B = \{x \,|\, x \in A \text{ または } x \in B\}$$

5.2 補集合と空集合
全体集合を U とするとき，集合 A に対して，A に属さない要素全体の集合を A の**補集合**といい，$\overline{A}$ で表す．また，要素をもたない集合を**空集合**といい，記号 $\varnothing$ で表す．空集合はすべての集合の部分集合である．

$$\overline{A} = \{x \in U \,|\, x \notin U\}, \quad A \cap \overline{A} = \varnothing, \quad A \cup \overline{A} = U, \quad \overline{U} = \varnothing, \quad \overline{\overline{A}} = A$$

5.3 ド・モルガンの法則
(1) $\overline{A \cap B} = \overline{A} \cup \overline{B}$ (2) $\overline{A \cup B} = \overline{A} \cap \overline{B}$

5.4 条件の否定
条件 p に対して，「p でない」という条件を p の**否定**といい，$\overline{p}$ で表す．

5.5 必要条件・十分条件
$p \Longrightarrow q$ であるとき，

条件 q を，p であるための**必要条件**

条件 p を，q であるための**十分条件**

という．$p \Longrightarrow q$ かつ $q \Longrightarrow p$ のとき，$p \Longleftrightarrow q$ とかく．$p \Longleftrightarrow q$ であるとき，p は q であるための**必要十分条件**という．このとき，q は p であるための必要十分条件でもあり，p と q は互いに**同値**であるという．

5.6 逆・裏・対偶

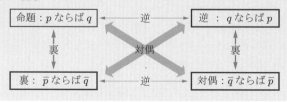

5.7 命題とその逆および対偶の真偽

ある命題が真であっても，その逆が真であるとは限らない．

命題とその対偶は真偽が一致する．

A

Q5.1 全体集合 $U = \{a, b, c, d, e\}$，集合 $A = \{a, b, c\}$ について，a, b, c, d, e がそれぞれ A に属するかどうかを記号 $\in, \notin$ を用いて表せ．

Q5.2 次の集合を，集合の記号を使って表せ．

(1) 24 の正の約数の集合　　　　　(2) 20 以下である正の 6 の倍数の集合

(3) -2 以上で 3 未満の実数の集合

Q5.3 自然数全体の集合を $\mathbb{N}$，実数全体の集合を $\mathbb{R}$ とするとき，次の集合 A, B の関係を記号 $\subset, =$ を用いて表せ．

(1) $A = \{x \in \mathbb{N} \mid x は 3 の倍数\}$, $B = \{x \in \mathbb{N} \mid x は 9 の倍数\}$

(2) $A = \{x \in \mathbb{R} \mid x^2 \leq 4\}$, $B = \{x \in \mathbb{R} \mid |x| \leq 2\}$

Q5.4 次の集合 A, B について，共通部分 $A \cap B$ と和集合 $A \cup B$ を求めよ．

(1) $A = \{x \in \mathbb{N} \mid x は 10 以下の偶数\}$, $\quad B = \{x \in \mathbb{N} \mid x は 12 の約数\}$

(2) $A = \{x \in \mathbb{R} \mid x^2 < 4\}$, $\quad B = \{x \in \mathbb{R} \mid x^2 - 4x \leq 0\}$

Q5.5 次の集合 A の補集合 $\overline{A}$ を求めよ．

(1) 全体集合を $U = \{x \mid 12 以下の自然数\}$ とするとき，$A = \{x \mid x は 12 の約数\}$

(2) $A = \{x \in \mathbb{R} \mid 2 < x < 5\}$

Q5.6 $A = \{x \in \mathbb{R} \mid -1 \leq x \leq 4\}$, $B = \{x \in \mathbb{R} \mid x < 0, 3 < x < 6\}$ とするとき，次の集合を求めよ．

(1) $\overline{A \cap B}$　　　　(2) $\overline{A \cup B}$　　　　(3) $\overline{A} \cap \overline{B}$　　　　(4) $\overline{A} \cup \overline{B}$

Q5.7 次の条件の否定を述べよ．ただし，a, x は実数，n は整数とする．

(1) $a \neq 3$　　　　　　　　　　(2) $0 < x < 4$

(3) n は 2 または 3 で割り切れる．

Q5.8 次の命題の真偽を調べて，偽であるものには反例を示せ．ただし，x, y は実数とする．

(1) $xy = 0$ ならば $x = 0$ または $y = 0$　　(2) $x^2 = 9$ ならば $x = 3$

Q5.9 次の文中の ( ) に，必要条件，十分条件，必要十分条件，必要条件でも十分条件でもない，のうち適切な言葉を入れよ．ただし，a, b は実数とする．

(1) $a > 1$ は $a^2 > 1$ であるための ( ) である．

(2) $a + 1 > 0$ は $a > 0$ であるための ( ) である．

(3) $a = 0$ または $b = 0$ は $ab = 0$ であるための ( ) である．

(4) $a > 0$ は $a < -1$ であるための ( ) である．

(5) △ABC が $\angle A = 90°$ の直角三角形であることは，$\mathrm{BC}^2 = \mathrm{CA}^2 + \mathrm{AB}^2$ であるための ( ) である．

(6) 四角形 PQRS において，$\mathrm{PQ} = \mathrm{RS}$ であることは，四角形 PQRS が平行四辺形であるための ( ) である．

Q5.10 次の命題の逆，裏，対偶を述べよ．また，真偽を調べて，偽であるものには反例を示せ．ただし，x は実数とする．

(1) $x > 2$ ならば $x^2 > 4$ (2) $|x| = 1$ ならば $x = 1$

Q5.11 自然数 n について，$n^2 + n$ が奇数ならば n は奇数であることを証明せよ．

Q5.12 $\sqrt{6}$ は無理数であることを利用し，$\sqrt{2} + \sqrt{3}$ は無理数であることを証明せよ．

B

Q5.13 集合 $A = \{a, b, c\}$ について，次の問いに答えよ． → Q5.1, 5.3

(1) 集合 A の要素をすべて書け． (2) 部分集合をすべて書け．

Q5.14 全体集合を $U = \{a, b, c, d, e, f\}$ とし，$A = \{a, b, c, d\}, B = \{c, d, e, f\}$ とするとき，次の集合を要素を並べて表せ． → Q5.4〜5.6

(1) $A \cap B$ (2) $A \cup B$ (3) $\overline{A}$

(4) $\overline{B}$ (5) $\overline{A \cap B}$ (6) $\overline{A \cup B}$

Q5.15 次の集合 A の補集合を求めよ．ただし，$\mathbb{N}$ は自然数全体の集合を，$\mathbb{R}$ は実数全体の集合を表す． → Q5.5

(1) $A = \{x \in \mathbb{N} \mid 5 \leq x\}$ (2) $A = \{x \in \mathbb{R} \mid |x| < 3\}$

(3) $U = \{x \in \mathbb{R} \mid 0 \leq x \leq 10\}$ とするとき，$A = \{x \in U \mid 3 \leq x \leq 5\}$

Q5.16 全体集合を実数全体とし，$A = \{x \mid -3 < x < 2\}, B = \{x \mid -1 < x < 5\}$ とするとき，次の集合を求めよ． → Q5.6

(1) $A \cap B$ (2) $A \cup B$ (3) $\overline{A}$

(4) $\overline{B}$ (5) $\overline{A \cap B}$ (6) $\overline{A \cup B}$

Q5.17 次の命題の真偽を調べて，偽であるものには反例を示せ． → Q5.8

(1) 正の整数 m が 3 の倍数ならば奇数である．

(2) すべての実数 x について，$x^2 - 7x = 0$ である．

(3) a, b を実数とするとき，$a + b \geqq 0$ ならば $a \geqq 0$ または $b \geqq 0$ である．

Q5.18 次の文中の（ ）に必要条件，十分条件，必要十分条件のうち適切な言葉を入れよ． → Q5.9

(1) $a = 0$ は $ab = 0$ であるための（ ）である．

(2) $|x| > 0$ は $x \neq 0$ であるための（ ）である．

(3) $ab < 0$ は $a < 0$ または $b < 0$ であるための（ ）である．

(4) $x < 1$ は $x^2 - 1 < 0$ であるための（ ）である．

Q5.19 次の命題の逆，裏，対偶を述べよ．また，真偽を調べて，偽であるものには反例を示せ． → Q5.10

(1) a, b を実数とするとき，$a^2 + b^2 = 0$ ならば $a = 0$ かつ $b = 0$

(2) 四角形において，正方形ならば対角線が互いに長さを二等分する．

6 等式と不等式の証明

まとめ

6.1 恒等式の性質

(1) $ax^2 + bx + c = 0$ が x についての恒等式である $\Longleftrightarrow a = b = c = 0$

(2) $ax^2 + bx + c = a'x^2 + b'x + c'$ が x についての恒等式である
$$\Longleftrightarrow a = a', \quad b = b', \quad c = c'$$

6.2 部分分数への分解 左辺の分子 A の次数が分母の次数より低いものとするとき

(1) $\dfrac{A}{(x+\alpha)(x+\beta)} = \dfrac{a}{x+\alpha} + \dfrac{b}{x+\beta}$

(2) $\dfrac{A}{(x^2+\alpha)(x+\beta)} = \dfrac{ax+b}{x^2+\alpha} + \dfrac{c}{x+\beta}$

(3) $\dfrac{A}{(x+\alpha)^2(x+\beta)} = \dfrac{a}{x+\alpha} + \dfrac{b}{(x+\alpha)^2} + \dfrac{c}{x+\beta}$

6.3　等式の証明　等式 $A = B$ が成り立つことを証明するには,
（ⅰ）左辺 A または右辺 B を変形して, 他の辺に一致することを示す.
（ⅱ）左辺 $-$ 右辺 $= A - B$ を変形して, 0 になることを示す.
（ⅲ）左辺 A, 右辺 B をそれぞれ変形して, 同じ式 C に一致することを示す.

6.4　不等式の証明　不等式 $A > B$（または $A \geqq B$）が成り立つことを証明するときは,

$$左辺 - 右辺 = A - B > 0 \quad（または \geqq 0）$$

を示す方法がよく用いられる. 等号が成り立つときには, それがどのような場合であるかを明記する必要がある.

不等式の証明には, 次の性質がよく用いられる.
(1) x が実数のとき, $x^2 \geqq 0$ である. 等号は $x = 0$ のときだけ成り立つ.
(2) a, b が実数のとき, $a^2 + b^2 \geqq 0$ である. 等号は $a = b = 0$ のときだけ成り立つ.

6.5　相加平均と相乗平均の関係　$a > 0, b > 0$ のとき,

$$\frac{a+b}{2} \geqq \sqrt{ab} \quad（等号は a = b のときだけ成り立つ）$$

A

Q6.1　次の等式が x についての恒等式であるように, 定数 a, b, c の値を定めよ.
(1) $-4x + 9 = a(x + 3) + b(2x - 1)$
(2) $3x + 5 = a(2x + 1) + b(x - 3)$
(3) $x^2 - 4 = a(x - 1)^2 + b(x - 1) + c$
(4) $x^2 + 3x + 4 = a(x^2 + 2) + bx(x - 3)$

Q6.2　次の等式が x についての恒等式であるように, 定数 a, b, c の値を定め, 部分分数に分解せよ.
(1) $\dfrac{5}{(x - 3)(x + 2)} = \dfrac{a}{x - 3} + \dfrac{b}{x + 2}$
(2) $\dfrac{x}{(x - 1)(x + 2)} = \dfrac{a}{x - 1} + \dfrac{b}{x + 2}$
(3) $\dfrac{3x + 8}{(x - 2)(x + 5)} = \dfrac{a}{x - 2} + \dfrac{b}{x + 5}$
(4) $\dfrac{1}{x(x^2 + 2)} = \dfrac{a}{x} + \dfrac{bx + c}{x^2 + 2}$

Q6.3 次の分数式を部分分数に分解せよ.

(1) $\dfrac{x}{(2x-1)(x+2)}$　　　　(2) $\dfrac{-6x+7}{(x-2)(x^2+1)}$

Q6.4 次の等式が成り立つことを証明せよ.

(1) $(ax+by)^2 - (ay+bx)^2 = (a^2-b^2)(x^2-y^2)$

(2) $(ax+b)^2 + (ax-b)^2 = 2(a^2x^2+b^2)$

(3) $a+b=1$ のとき, $a^2+b^2+1 = 2(a^2+b^2+ab)$

Q6.5 $a,\ b,\ c,\ d$ は正の数とする. $\dfrac{a}{b} = \dfrac{c}{d}$ のとき, 次の等式が成り立つことを証明せよ.

(1) $\dfrac{a-b}{a+b} = \dfrac{c-d}{c+d}$　　　　(2) $\dfrac{a^2}{a^2+b^2} = \dfrac{ac}{ac+bd}$

Q6.6 $a,\ b,\ x,\ y$ が実数のとき, 次の不等式が成り立つことを証明せよ. (3)〜(4) については, 等号が成り立つ場合も調べよ.

(1) $a^2+5 > 4a$　　　　(2) $a^2+ab+b^2 \geqq 0$

(3) $x^2+y^2 \geqq 2(x-y-1)$　　　　(4) $(a^2-b^2)(x^2-y^2) \leqq (ax-by)^2$

Q6.7 $a>0, b>0$ のとき, 次の不等式が成り立つことを証明せよ. また, 等号が成り立つ場合を調べよ.

(1) $25a + \dfrac{1}{4a} \geqq 5$　　(2) $\left(a+\dfrac{1}{a}\right)\left(b+\dfrac{1}{b}\right) \geqq 4$　　(3) $a^2+\dfrac{1}{b^2} \geqq \dfrac{2a}{b}$

B

Q6.8 次の分数式を部分分数に分解せよ.　　　　　　　　→ Q6.2, 6.3

(1) $\dfrac{x}{6x^2-11x-10}$　　　　(2) $\dfrac{x^2+15x+18}{(x-3)(x+3)^2}$

(3) $\dfrac{11x^2+3x-5}{(x+2)(x^2+7)}$　　　　(4) $\dfrac{x^2-4x+1}{(x+3)^3}$

Q6.9 次の等式が成り立つことを証明せよ.　　　　　　　　→ Q6.4

(1) $(a-b)^3 + (b-c)^3 + (c-a)^3 = 3(a-b)(b-c)(c-a)$

(2) $(a^2+b^2+c^2)(x^2+y^2+z^2) - (ax+by+cz)^2$
$= (ay-bx)^2 + (bz-cy)^2 + (cx-az)^2$

(3) $a+b=1$ のとき, $a(b+1)+b(a+1) = 2ab+1$

(4) $a+b+c=0$ のとき, $2a^2+bc = (a-b)(a-c)$

例題 6.1

$x > 0, y > 0$ のとき，不等式 $\sqrt{x+y} < \sqrt{x} + \sqrt{y}$ が成り立つことを証明せよ．

解 両辺とも正であるとき，

$$左辺 < 右辺 \iff \left(左辺\right)^2 < \left(右辺\right)^2$$

が成り立つ．そこで，左辺，右辺をそれぞれ 2 乗した式の大小を調べると

$$(\sqrt{x} + \sqrt{y})^2 - (\sqrt{x+y})^2 = x + 2\sqrt{xy} + y - (x+y) = 2\sqrt{xy} > 0$$

となるから，$\sqrt{x+y} < \sqrt{x} + \sqrt{y}$ が成り立つ．

Q6.10　$x > 0, y > 0$ のとき，次の不等式が成り立つことを証明せよ．(2) は等号が成り立つ場合も調べよ．

(1) $\sqrt{1+x} < 1 + \dfrac{x}{2}$
    　　　　　(2) $\sqrt{x} + \sqrt{y} \leqq \sqrt{2(x+y)}$

Q6.11　次の不等式が成り立つことを証明せよ．また，等号が成り立つ場合を調べよ．

(1) $|a + b| \leqq |a| + |b|$
    　　　　　(2) $|a| - |b| \leqq |a - b|$

(3) $|a + b + c| \leqq |a| + |b| + |c|$

Q6.12　$a > 0, b > 0, c > 0, d > 0$ のとき，次の不等式が成り立つことを証明せよ．また，等号が成り立つ場合を調べよ．　　　　　→ Q6.6, 6.7

(1) $(a+b)(b+c)(c+a) \geqq 8abc$　　(2) $a^4 + b^4 + c^4 + d^4 \geqq 4abcd$

(3) $\left(\dfrac{a+b}{2}\right)^2 \leqq \dfrac{a^2 + b^2}{2}$

いろいろな関数

7　2次関数とそのグラフ

まとめ

7.1 $y = a(x-p)^2 + q$ のグラフ　2次関数 $y = a(x-p)^2 + q$ のグラフは，$a > 0$ のとき下に凸，$a < 0$ のとき上に凸であり，$y = ax^2$ のグラフを x 軸方向に p，y 軸方向に q 平行移動したものである．

$$y = a(x-p)^2 + q$$

を2次関数の**標準形**という．放物線 $y = a(x-p)^2 + q$ の軸は $x = p$，頂点は (p, q) である．

7.2 $y = ax^2 + bx + c$ のグラフ　2次関数 $y = ax^2 + bx + c$ のグラフである放物線の軸の方程式は $x = -\dfrac{b}{2a}$，y 軸との共有点は $(0, c)$ である．

7.3 いろいろな2次関数　2次関数を表す式を求めるには，次のようにおくとよい．

(1) x 軸との交点 $(\alpha, 0)$，$(\beta, 0)$ が与えられたとき　$y = a(x - \alpha)(x - \beta)$

(2) 頂点の座標や軸の方程式が与えられたとき　$y = a(x-p)^2 + q$

(3) グラフ上の3点の座標が与えられたとき　$y = ax^2 + bx + c$

7.4 2次関数の最大値・最小値　2次関数 $y = a(x-p)^2 + q$ は

(1) $a > 0$ のとき，$x = p$ で最小値 $y = q$ をとる．最大値はない．

(2) $a < 0$ のとき，$x = p$ で最大値 $y = q$ をとる．最小値はない．

A

Q7.1　次の関数のグラフをかけ．

(1) $y = \dfrac{5}{2}x^2$　　(2) $y = -\dfrac{5}{2}x^2$　　(3) $y = \dfrac{2}{5}x^2$　　(4) $y = -\dfrac{2}{5}x^2$

Q7.2 次の関数のグラフは, $y = \dfrac{1}{2}x^2$ のグラフをどのように平行移動したものか.

(1) $y = \dfrac{1}{2}(x - 4)^2 + 3$ 　　　　　　(2) $y = \dfrac{1}{2}(x + 1)^2 - 2$

(3) $y = \dfrac{1}{2}(x + 5)^2$ 　　　　　　(4) $y = \dfrac{1}{2}x^2 + 4$

Q7.3 次の 2 次関数のグラフは下に凸か, 上に凸か述べよ. また, 頂点の座標, 軸の方程式, y 軸との共有点の座標を求めてグラフをかけ.

(1) $y = x^2 - 4$ 　　　　(2) $y = -(x - 2)^2 - 1$ 　　　(3) $y = 2(x + 1)^2 - 8$

Q7.4 次の 2 次関数を標準形に直してグラフをかけ. また, 関数のグラフである放物線の頂点の座標, 軸の方程式, y 軸との共有点の座標を求めよ.

(1) $y = -x^2 - 6x$ 　　　　　　(2) $y = \dfrac{1}{2}x^2 - x + 6$

(3) $y = x^2 + 3x + 2$ 　　　　　　(4) $y = -2x^2 + 4x - 5$

Q7.5 次の 2 次関数のグラフをかけ. 座標軸との共有点, 頂点の座標を記入すること.

(1) $y = \dfrac{1}{4}(x - 2)(x + 6)$ 　　　　　　(2) $y = (x + 1)(5 - x)$

(3) $y = 2x^2 + 8x$ 　　　　　　(4) $y = x^2 + 3x - 4$

Q7.6 グラフが次の条件を満たす 2 次関数を求めよ.

(1) 頂点が $(-2, 4)$ で点 $(-1, 2)$ を通る.

(2) 3 点 $(0, -3), (1, -1), (2, 3)$ を通る.

(3) 3 点 $(1, 0), (-3, 0), (2, 5)$ を通る.

(4) 軸が直線 $x = 1$ で 2 点 $(2, 1), (3, -2)$ を通る.

Q7.7 次の 2 次関数のグラフをかき, y の最大値と最小値を求めよ.

(1) $y = 3(x - 2)^2 - 3$ 　　　　　　(2) $y = -(x + 1)^2 - 2$

(3) $y = x^2 + 4x + 1$ 　　　　　　(4) $y = -2x^2 + 4x - 1$

Q7.8 ( ) 内を定義域とする次の 2 次関数の値域を求めよ. また, y の最大値と最小値と, そのときの x の値を求めよ.

(1) $y = 2(x + 1)^2 - 2$ 　$(-3 \leqq x \leqq 0)$

(2) $y = -2(x - 2)^2 + 4$ 　$(1 \leqq x \leqq 4)$

(3) $y = x^2 + 6x + 4$ 　$(-5 \leqq x \leqq -2)$

(4) $y = -x^2 + 2x + 1$ 　$(-2 \leqq x \leqq 0)$

Q7.9 座標平面上に 2 点 P, Q がある. 点 P は y 軸上の点 $(0, 10)$ を出発して, y 軸上を 2 m/s の速さで原点に向かって進む. 点 Q は x 軸上の点 $(2, 0)$ を出発して, x 軸上を 1 m/s の速さで x 軸の正の方向に向かって進む. 原点を O とし, 点 P, Q が出発してからの時間を t [s] とするとき, $0 \leqq t \leqq 5$ の範囲で, 三角形 POQ の面積が最大になる t の値, および, そのときの面積 S を求めよ. ただし, 座標軸の 1 目盛を 1 m とする.

■■■■■■　　**B**　　■■■■■■■■■■■■■■■■■■■■■■

Q7.10 次の 2 次関数を標準形に直せ. また, 関数のグラフである放物線の頂点の座標, 軸の方程式, y 軸との共有点を求めよ. 　　→ **Q7.3, 7.4**

(1) $y = -x^2 + \dfrac{3}{2}x - \dfrac{1}{2}$ 　　　　(2) $y = 2x^2 + \dfrac{20}{3}x$

(3) $y = 3x^2 - 3x + 2$ 　　　　(4) $y = -2x^2 + 6x - \dfrac{11}{2}$

Q7.11 次の条件を満たす放物線をグラフにもつ 2 次関数を求めよ. 　　→ **Q7.6**

(1) 3 点 $(1, 1), (2, 4), (3, 11)$ を通る.

(2) x 軸と 2 点 $(1, 0), (3, 0)$ で交わり, y 軸と点 $(0, 3)$ で交わる.

(3) x 軸方向に -3 だけ, y 軸方向に 2 だけ平行移動すると $y = -x^2$ のグラフとなる.

(4) 頂点が直線 $y = 2$ 上にあり, 2 点 $(3, -1), (1, -1)$ を通る.

(5) 頂点が直線 $y = x$ 上にあり, x 軸と 2 点 $(-1, 0), (3, 0)$ で交わる.

Q7.12 ( ) 内を定義域とする次の 2 次関数の最大値と最小値を求めよ. また, そのときの x の値を求めよ. 　　→ **Q7.8**

(1) $y = (x - 2)^2 - 4$ 　$(1 \leqq x \leqq 3)$

(2) $y = -(x + 3)^2 - 1$ 　$(-4 < x < -1)$

(3) $y = x^2 + 4x + 2$ 　$(-1 \leqq x \leqq 1)$

(4) $y = -x^2 - 2x + 3$ 　$(-2 \leqq x \leqq 1)$

例題 7.1 ──────────────────────────

x, y, z が $x - 2 = y + 1 = z - 3$ を満たすとき, $x^2 + y^2 + z^2$ の最小値, およびそのときの x, y, z の値を求めよ.

解　条件より, $x-2=y+1=z-3=t$ とおくと, $x=t+2$, $y=t-1$, $z=t+3$ である. よって,

$$x^2+y^2+z^2=(t+2)^2+(t-1)^2+(t+3)^2=3t^2+8t+14=3\left(t+\frac{4}{3}\right)^2+\frac{26}{3}$$

となるので, $t=-\frac{4}{3}$ のとき最小値 $\frac{26}{3}$ となる. このとき, $x=\frac{2}{3}$, $y=-\frac{7}{3}$, $z=\frac{5}{3}$ となる.

以上より, $x=\frac{2}{3}$, $y=-\frac{7}{3}$, $z=\frac{5}{3}$ のとき, $x^2+y^2+z^2$ は最小値 $\frac{26}{3}$ となる.

Q7.13　x, y, z が $\dfrac{x+3}{3}=\dfrac{y+5}{2}=z+2$ を満たすとき, $x^2+y^2+z^2$ の最小値, およびそのときの x, y, z の値を求めよ.

Q7.14　長さ 120 cm の針金の両端から同じ長さのところを切って, 針金を 3 本にし, それぞれ折り曲げて正方形を作る. 作った 3 つの正方形の面積の和が最小となるようにするには, どのように切ればよいか.　→ Q7.8, 7.9

Q7.15　2 次関数 $y=x^2-2ax+1$ $(0\leqq x\leqq 4)$ の最小値と最大値を求めよ. また, そのときの x の値を求めよ.　→ Q7.3, 7.4, 7.8

Q7.16　$2x+y=5$ のとき, x^2+y^2 の最小値を求めよ. また, そのときの x と y の値を求めよ.　→ Q7.7

8　2次関数と2次方程式・2次不等式

まとめ

8.1　2 次関数のグラフと x 軸との位置関係

$D=b^2-4ac$	$D>0$	$D=0$	$D<0$
x 軸との位置関係	2 点で交わる	接する	共有点はない
共有点の個数	2 個	1 個	0 個
$a>0$			
$a<0$			

8.2 2次不等式の解　$a > 0$ のとき

(1) $D > 0$ の場合

$ax^2 + bx + c = 0$ の異なる2つの実数解を $\alpha,\ \beta\ (\alpha < \beta)$ とすれば,

$$ax^2 + bx + c > 0 \iff x < \alpha,\ \beta < x$$
$$ax^2 + bx + c \geqq 0 \iff x \leqq \alpha,\ \beta \leqq x$$
$$ax^2 + bx + c < 0 \iff \alpha < x < \beta$$
$$ax^2 + bx + c \leqq 0 \iff \alpha \leqq x \leqq \beta$$

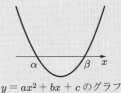

$y = ax^2 + bx + c$ のグラフ

(2) $D = 0$ の場合

$ax^2 + bx + c \geqq 0$ の解はすべての実数 $\left(\text{等号は } x = -\dfrac{b}{2a} \text{ のときだけ成り立つ}\right)$.

$ax^2 + bx + c < 0$ の解はない.

(3) $D < 0$ の場合

$ax^2 + bx + c > 0$ の解はすべての実数.

$ax^2 + bx + c \leqq 0$ の解はない.

A

Q8.1 次の2次関数のグラフと x 軸との位置関係を調べよ. 共有点がある場合には
その座標を求めよ.

(1) $y = x^2 + 3x + 2$ 　　(2) $y = -x^2 - 2x - 3$ 　　(3) $y = x^2 + 4x + 4$

(4) $y = 2x^2 + 3x + 2$ 　　(5) $y = -9x^2 + 6x - 1$ 　　(6) $y = -4x^2 + 8x - 3$

Q8.2 次の2次関数のグラフと直線との共有点の座標を求めよ.

(1) $y = x^2 + 2x + 1,\quad y = x + 1$ 　　(2) $y = x^2 - 10x - 8,\quad y = -2x + 1$

Q8.3 次の2次関数のグラフと直線とが接するように定数 k の値を定め, そのとき
の接点の座標を求めよ.

(1) $y = x^2 + 4x - 1,\quad y = 2x + k$

(2) $y = 2x^2 + 3x - 3,\quad y = kx - 5$

(3) $y = x^2 + 2kx - 2,\quad y = 3x - 3$

Q8.4 2次関数のグラフを利用して次の2次不等式を解け.

(1) $(x - 2)(x + 3) \geqq 0$ 　　　　　(2) $x^2 + 3x - 10 < 0$

(3) $x^2 - 9 \geqq 0$ 　　　　　　　　(4) $x^2 - 2x - 3 \leqq 0$

Q8.5 2次関数のグラフを利用して次の2次不等式を解け.

(1) $x^2 - 4x + 4 < 0$ 　　　　　　(2) $x^2 + 4x + 4 \leqq 0$

(3) $x^2 + 8x + 16 > 0$ 　　　　　　(4) $x^2 + x + 3 > 0$

B

Q8.6　次の 2 次関数のグラフと x 軸との共有点の個数を求めよ. また, 共有点がある場合にはその座標も求めよ.　→ **まとめ 8.1**　**Q8.1**

(1) $y = x^2 - 3$　　　　(2) $y = -x^2 - x + 1$　　　(3) $y = x^2 + 10x + 25$

(4) $y = 4x^2 + 3x + 1$　　(5) $y = -3x^2 + x - 2$　　(6) $y = -x^2 + x - \dfrac{1}{4}$

Q8.7　次の 2 次関数のグラフと直線との共有点があれば, その座標を求めよ.　→ **Q8.2**

(1) $y = -2x^2 - 6x + 3, \quad y = -3x + 2$　　(2) $y = 2x^2 + 5x - 1, \quad y = 2x - 3$

(3) $y = -9x^2 - 19x - 19, \quad y = 5x - 3$　　(4) $y = -3x^2 - x - 3, \quad y = 3x - 1$

Q8.8　次の 2 次不等式を解け.　→ **Q8.4, 8.5**

(1) $x^2 \leqq 3$　　　　　　　　　　(2) $-x^2 - 6x + 4 < -2x + 3$

(3) $x^2 + 4x - 1 > 2x^2 + 6x + 1$　　　(4) $4x^2 + 5x + 2 \leqq x + 1$

(5) $8x^2 - 5x + 3 > -x^2 + x + 2$　　　(6) $-8x - 12 \leqq 4x^2 + 4x - 1$

Q8.9　点 $(1, -1)$ から放物線 $y = 2x^2 - x$ へ引いた接線の方程式を求めよ. また, 接点の座標も求めよ.　→ **まとめ 4.2**　**Q8.3**

例題 8.1

次の連立不等式を解け.

$$\begin{cases} x^2 - x - 2 > 0 \cdots ① \\ x^2 - x - 6 < 0 \cdots ② \end{cases}$$

解　①の解は $(x + 1)(x - 2) > 0$ より $x < -1, \; x > 2$ である. また, ②の解は $(x + 2)(x - 3) < 0$ より $-2 < x < 3$ である. これらの共通部分をとれば, 求める解は $-2 < x < -1, \; 2 < x < 3$ である.

Q8.10　次の連立不等式を解け.

(1) $\begin{cases} x^2 - 2x - 3 \leqq 0 \cdots ① \\ 2x - 5 > 0 \qquad\quad \cdots ② \end{cases}$　　(2) $\begin{cases} x^2 > 1 \qquad\qquad \cdots ① \\ x^2 - 2x - 15 \leqq 0 \cdots ② \end{cases}$

(3) $\begin{cases} x^2 + x + 1 > 0 \quad\; \cdots ① \\ 6x^2 - 7x + 2 < 0 \cdots ② \end{cases}$　　(4) $\begin{cases} x^2 - 4x + 3 > 0 \cdots ① \\ x^2 + 4x + 4 > 0 \cdots ② \\ x^2 - x - 12 < 0 \cdots ③ \end{cases}$

9 関数とグラフ

まとめ

9.1 単調増加と単調減少　区間 I が関数 $y = f(x)$ の定義域に含まれているとき，区間 I の任意の点 x_1, x_2 $(x_1 < x_2)$ に対して

(1) つねに $f(x_1) < f(x_2)$ であれば，$f(x)$ は区間 I で**単調増加**である.

(2) つねに $f(x_1) > f(x_2)$ であれば，$f(x)$ は区間 I で**単調減少**である.

9.2 グラフの平行移動　関数

$$y = f(x - p) + q$$

のグラフは，$y = f(x)$ のグラフを x 軸方向に p，y 軸方向に q 平行移動したものである.

9.3 グラフの対称移動

(1) 関数 $y = f(-x)$ のグラフは，$y = f(x)$ のグラフと y 軸に関して対称.

(2) 関数 $y = -f(x)$ のグラフは，$y = f(x)$ のグラフと x 軸に関して対称.

(3) 関数 $y = -f(-x)$ のグラフは，$y = f(x)$ のグラフと原点に関して対称.

9.4 べき関数 $y = x^n$（n は自然数）の性質

(1) 点 $(0, 0), (1, 1)$ を通る.

(2) n が偶数のとき，$x \leqq 0$ で単調減少，$x \geqq 0$ で単調増加であり，グラフは y 軸に関して対称である.

(3) n が奇数のとき，実数全体で単調増加であり，グラフは原点に関して対称である.

9.5 奇関数と偶関数　関数 $y = f(x)$ に対して

(1) $f(x)$ が偶関数 $\iff f(-x) = f(x) \iff$ グラフは y 軸に関して対称

(2) $f(x)$ が奇関数 $\iff f(-x) = -f(x) \iff$ グラフは原点に関して対称

9.6 分数関数と無理関数

(1) 分数関数 $y = \dfrac{k}{x - p} + q$ のグラフは，2 直線 $x = p, y = q$ を漸近線とする.

(2) 無理関数 $y = \sqrt{a(x - p)} + q$ について，定義域は $a(x - p) \geqq 0$ を満たす x の範囲，値域は $y \geqq q$ である.

9.7 **逆関数** 関数 $y = f(x)$ の逆関数 $y = f^{-1}(x)$ が存在するとき，次のこと が成り立つ.

(1) $b = f(a) \iff a = f^{-1}(b)$

(2) $y = f(x)$ のグラフとその逆関数 $y = f^{-1}(x)$ のグラフは，直線 $y = x$ に関 して対称である.

A

Q9.1 $f(x) = 2x^2 - x - 3$ のとき，次の値または式を求めよ.

(1) $f(1)$　　　　　(2) $f(2)$　　　　　(3) $f(-1)$　　　　　(4) $f(-2)$

(5) $f(-a)$　　　　(6) $f(2a)$　　　　(7) $f(a - 1)$　　　　(8) $f(2a + 1)$

Q9.2 次の点はそれぞれ第何象限に属するか.

(1) $(1, 2)$　　　　　　　(2) $(-2, 3)$　　　　　　　(3) $(2, -4)$

(4) $(-2, -1)$　　　　　(5) $(3, 2)$　　　　　　　(6) $(-5, 3)$

Q9.3 次の関数のグラフは ( ) 内の関数のグラフをどのように平行移動したものか.

(1) $y = -x^4 - 4$　$(y = -x^4)$　　　　(2) $y = \dfrac{4}{x - 5}$　$\left(y = \dfrac{4}{x}\right)$

(3) $y = (x + 3)^3 + 3$　$(y = x^3)$　　　(4) $y = \sqrt{2(x - 2)} + 5$　$\left(y = \sqrt{2x}\right)$

Q9.4 次の関数のグラフを，x 軸方向に 2，y 軸方向に -1 平行移動すると，どのような関数のグラフになるか.

(1) $y = 3x - 2$　　　　　　　　(2) $y = x^2 - 3x - 2$

(3) $y = \dfrac{2}{x}$　　　　　　　　　(4) $y = \sqrt{2x}$

Q9.5 次の関数のグラフをそれぞれ x 軸，y 軸，原点に関して対称移動すると，どのような関数のグラフになるか.

(1) $y = -2x + 4$　　　　(2) $y = 2x - x^2$　　　　(3) $y = \sqrt{x + 1}$

Q9.6 次の関数のグラフは，$y = 2x^2 + x^3$ のグラフをどのように対称移動したものか.

(1) $y = -2x^2 - x^3$　　　　(2) $y = 2x^2 - x^3$　　　　(3) $y = -2x^2 + x^3$

Q9.7 次の関数 $f(x)$ は偶関数か奇関数か，あるいは，どちらでもないかを判定せよ.

(1) $f(x) = -3x^2 + 1$　　　(2) $f(x) = \dfrac{3}{x}$　　　(3) $f(x) = \dfrac{x^2 - 1}{x^2 + 1}$

(4) $f(x) = x^3(x^2 + 1)$　　(5) $f(x) = \dfrac{x}{x^2 - 4}$　　(6) $f(x) = \dfrac{x}{x + 1}$

Q9.8 次の関数のグラフをかけ.

(1) $y = \dfrac{3}{2x}$　　(2) $y = -\dfrac{3}{2x}$　　(3) $y = \dfrac{2}{3x}$　　(4) $y = -\dfrac{2}{3x}$

Q9.9 次の分数関数の漸近線の方程式を求めてグラフをかけ. また, 座標軸との共有点の座標を求めよ.

(1) $y = \dfrac{1}{x-2} + 3$　　　　　　　　(2) $y = -\dfrac{3}{x+1} - 2$

(3) $y = \dfrac{1}{3x-2} + 1$　　　　　　　(4) $y = -\dfrac{2}{2x+1} - 1$

Q9.10 次の分数関数の漸近線の方程式を求めてグラフをかけ. また, 座標軸との共有点の座標を求めよ.

(1) $y = \dfrac{x+1}{x+2}$　　　　(2) $y = \dfrac{2x}{2x-3}$　　　　(3) $y = -\dfrac{6x-1}{4x-2}$

Q9.11 グラフを利用して, 次の不等式を解け.

(1) $\dfrac{4}{x} > x+3$　　　　　　(2) $\dfrac{2}{x+1} \leq x$

Q9.12 次の無理関数の定義域と値域を求めてグラフをかけ. また, 座標軸との共有点の座標を求めよ.

(1) $y = \sqrt{x+2} + 1$　　　　　　(2) $y = -\sqrt{-x+2}$

(3) $y = -\sqrt{x+2} + 2$　　　　　　(4) $y = \sqrt{3-2x} - 1$

Q9.13 グラフを利用して, 次の不等式を解け.

(1) $x > \sqrt{x+2}$　　　(2) $x-2 \leq \sqrt{x}$　　　(3) $x+2 > 3\sqrt{x}$

Q9.14 次の関数の逆関数を求めよ. また, 逆関数の定義域を求めよ.

(1) $y = 2x-1$　$(-1 \leq x \leq 2)$　　(2) $y = x^2 - 1$　$(-2 \leq x \leq -1)$

Q9.15 次の関数の逆関数を求め, そのグラフをかけ.

(1) $y = 2x-3$　　　　　　　　(2) $y = x^2 - 4$　$(x \leq 0)$

(3) $y = \sqrt{x+1}$　　　　　　　(4) $y = 1 - \dfrac{2}{x}$

━━━ **B** ━━━━━━━━━━━━━━━━

Q9.16 $f(x) = -x^2 + 3x - 2$ のとき, 次の式を求めよ. → Q9.1

(1) $-f(x)$　　　　　　(2) $f(-x)$　　　　　　(3) $f(x-1)$

(4) $f(x+h)$　　　　　(5) $f(b) - f(a)$　　　　(6) $\dfrac{f(b) - f(a)}{b - a}$

Q9.17 次の関数のグラフをかけ. → Q9.3

(1) $y = (x+2)^3 - 1$　　　　　　(2) $y = -(x-2)^4 + 1$

例題 9.1

次のことが成り立つことを証明せよ.

(1) 偶関数と偶関数の積は,偶関数である

(2) 関数 $f(x)$ に対して,$g_1(x) = \dfrac{f(x) + f(-x)}{2}$ とおくと,$g_1(x)$ は偶関数である.

解 (1) $f(x)$ と $g(x)$ を偶関数とし,$h(x) = f(x)g(x)$ とおくと,仮定より $f(-x) = f(x)$,$g(-x) = g(x)$ であるから,

$$h(-x) = f(-x)g(-x) = f(x)g(x) = h(x)$$

である.よって,$h(x)$ は偶関数である.

(2) $g_1(-x) = \dfrac{f(-x) + f(x)}{2} = \dfrac{f(x) + f(-x)}{2} = g_1(x)$ なので,偶関数である.

Q9.18 関数 $f(x)$ に対して,次のことを証明せよ.

(1) $g_2(x) = \dfrac{f(x) - f(-x)}{2}$ とおくと,$g_2(x)$ は奇関数である.

(2) $g_3(x) = f(x)f(-x)$ とおくと,$g_3(x)$ は偶関数である.

Q9.19 次のことが成り立つことを証明せよ.

(1) 偶関数と奇関数の積は,奇関数である

(2) 奇関数と奇関数の積は,偶関数である

Q9.20 $f(x)$ は実数全体で定義された関数とする.このとき,$f(x)$ は偶関数と奇関数の和で表すことができることを証明せよ. → **例題 9.1** **Q9.19**

Q9.21 関数 $y = f(x)$ はすべての実数で定義された奇関数であるとする.この関数のグラフは,必ず原点を通ることを証明せよ. → **まとめ 9.5**

例題 9.2

関数 $y = \dfrac{ax - 1}{x + b}$ のグラフは点 $(2, 3)$ を通り,直線 $x = 1$ を漸近線にもつ.このとき,定数 a, b の値を求めよ.

解 点 $(2, 3)$ を通るから,$3 = \dfrac{2a - 1}{2 + b}$ である.漸近線は $x = -b$ であるから,$b = -1$ となる.$3 = \dfrac{2a - 1}{2 - 1}$ を解いて $a = 2$ となる.よって,$a = 2, b = -1$ となる.

Q9.22 次の関数 $y = \dfrac{ax + b}{x + c}$ が与えられた条件を満たすように,定数 a, b, c の値を求めよ.

(1) y のグラフは点 $(-2, 6)$, $(2, 2)$ を通り,直線 $y = 1$ を漸近線にもつ.

(2) y のグラフは点 $(-1, 1)$ を通り,直線 $x = -2$, $y = -2$ を漸近線にもつ.

Q9.23 無理関数 $y = \sqrt{-x}$ のグラフを,次のように平行移動したとき,どのような関数のグラフになるか.　　　　　　　　　　　　　　　　→ Q9.4

(1) x 軸方向に 3 だけ平行移動　　　　(2) y 軸方向に -1 だけ平行移動

(3) x 軸方向に -1,y 軸方向に 2 だけ平行移動

(4) x 軸方向に 2,y 軸方向に -1 だけ平行移動

Q9.24 グラフを利用して,次の不等式を解け.　　　　　　　　→ Q9.11

(1) $\dfrac{-2x + 1}{x - 2} \geqq 3x + 2$　　　　　　(2) $x \geqq 1 + \sqrt{2x + 3}$

Q9.25 次の関数の逆関数を求めよ.　　　　　　　　　　　→ Q9.14, 9.15

(1) $y = x^2 - 4x \quad (x \geqq 2)$　　　　　　(2) $y = \dfrac{x}{ax + b} \quad (a \neq 0)$

4

指数関数と対数関数

10 指数関数

まとめ

10.1 **累乗根Ⅰ** n を 2 以上の自然数とするとき，n 乗すると a になる数を a の **n 乗根**という．とくに，2 乗根を**平方根**，3 乗根を**立方根**という．平方根，立方根，4 乗根，…を総称して**累乗根**という．

10.2 **累乗根Ⅱ** $a > 0$，n を 2 以上の自然数とするとき，n 乗すると a になる正の数を $\sqrt[n]{a}$ と表す．すなわち，$(\sqrt[n]{a})^n = a$ である．$\sqrt[n]{a}$ は $y = x^n \ (x \geqq 0)$ のグラフと直線 $y = a$ の交点の x 座標である．n が奇数のとき，$\sqrt[n]{-a} = -\sqrt[n]{a}$ と定める．n が偶数のとき，$\sqrt[n]{-a}$ は定義しない．また，$\sqrt[n]{0} = 0$ と定める．

10.3 **累乗根の性質** $a > 0, b > 0$ で m, n が 2 以上の自然数のとき

(1) $(\sqrt[n]{a})^m = \sqrt[n]{a^m}$ (2) $\sqrt[m]{\sqrt[n]{a}} = \sqrt[mn]{a}$

(3) $\sqrt[n]{a}\,\sqrt[n]{b} = \sqrt[n]{ab}$ (4) $\dfrac{\sqrt[n]{a}}{\sqrt[n]{b}} = \sqrt[n]{\dfrac{a}{b}}$

10.4 **指数の拡張Ⅰ** $a \neq 0$ で，n が自然数のとき，次のように定める．

(1) $a^0 = 1$ (2) $a^{-n} = \dfrac{1}{a^n}$

10.5 **指数の拡張Ⅱ** $a > 0$ で，m が整数，n が 2 以上の自然数のとき

(1) $a^{\frac{1}{n}} = \sqrt[n]{a}$ (2) $a^{\frac{m}{n}} = \sqrt[n]{a^m} = (\sqrt[n]{a})^m$

10.6 **指数の性質** $a > 0, b > 0$ を定数とする．任意の実数 x, r, s に対して次の性質が成り立つ．

  Ⅰ. $a^x > 0$

  Ⅱ. $r < s$ のとき， $a > 1$ ならば $a^r < a^s$

                     $0 < a < 1$ ならば $a^r > a^s$

  Ⅲ. 指数法則

    (1) $a^r a^s = a^{r+s}$ (2) $(a^r)^s = a^{rs}$ (3) $(ab)^r = a^r b^r$

10.7 **指数関数の性質**　指数関数 $y = a^x \ (a \neq 1, a > 0)$ について，次のことが成り立つ．

(1) 定義域は実数全体である．

(2) 値域は正の実数全体である．グラフはつねに x 軸より上側にある．

(3) グラフは点 $(0,1)$ と点 $(1,a)$ を通る．

(4) グラフは x 軸（直線 $y = 0$）を漸近線とする．

(5) $a > 1$ のとき単調増加，$0 < a < 1$ のとき単調減少である．

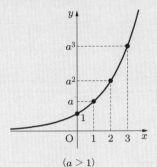
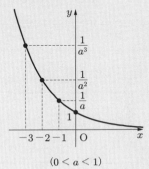

A

Q10.1　次の累乗根を求めよ．

(1) 6 の平方根　　　　(2) -8 の立方根　　　　(3) 64 の 4 乗根

Q10.2　次の値を求めよ．

(1) $\sqrt[3]{-125}$　　　　(2) $\sqrt[4]{81}$　　　　(3) $\sqrt[5]{32}$

(4) $\sqrt[3]{\dfrac{8}{27}}$　　　　(5) $\sqrt[4]{0.0016}$　　　　(6) $\sqrt[4]{(-7)^4}$

Q10.3　累乗根の性質を利用して，次の式を $\sqrt[n]{a}$ の形で表せ．

(1) $(\sqrt[3]{5})^2$　　(2) $\sqrt[3]{\sqrt[4]{16}}$　　(3) $\sqrt[3]{2}\sqrt[3]{3}$　　(4) $\dfrac{\sqrt[4]{54}}{\sqrt[4]{18}}$

Q10.4　次の値を求めよ．

(1) $\sqrt[4]{16^3}$　　(2) $\sqrt[3]{16}\sqrt[3]{4}$　　(3) $\dfrac{\sqrt[3]{81}}{\sqrt[3]{24}}$　　(4) $\sqrt{\sqrt[3]{729}}$

Q10.5　次の値を求めよ．

(1) 5^0　　　　(2) 5^{-3}　　　　(3) $(-2)^{-5}$　　　　(4) $\left(-\dfrac{1}{3}\right)^{-4}$

Q10.6　次の値を求めよ.

(1) $16^{\frac{3}{4}}$ (2) $25^{\frac{3}{2}}$ (3) $\left(\dfrac{4}{9}\right)^{-\frac{1}{2}}$ (4) $\left(\dfrac{27}{64}\right)^{\frac{2}{3}}$

Q10.7　$a > 0$ のとき, 次の式を根号を用いて表せ.

(1) $a^{\frac{1}{3}}$ (2) $a^{-\frac{3}{4}}$ (3) $a^{-\frac{5}{6}}$

Q10.8　$a > 0$ のとき, 次の式を a^r の形で表せ.

(1) $\sqrt[5]{a}$ (2) $\sqrt[7]{a^4}$ (3) $\dfrac{1}{\sqrt[4]{a}}$

Q10.9　$a > 0$ のとき, 次の式を根号を用いて表せ.

(1) $a^2 a^{\frac{1}{3}}$ (2) $\dfrac{a^2}{a^{\frac{3}{2}}}$ (3) $\left\{(a^3)^{\frac{1}{2}}\right\}^{\frac{1}{3}}$

(4) $a^{\frac{1}{2}} a^{\frac{1}{3}}$ (5) $\dfrac{a^{\frac{2}{3}}}{a^{\frac{3}{2}}}$ (6) $\left\{(a^{-2})^{\frac{1}{3}}\right\}^{\frac{1}{4}}$

Q10.10　$a > 0$ のとき, 次の式を a^r の形で表せ.

(1) $a^2 \sqrt{a}$ (2) $\dfrac{a}{\sqrt[5]{a^2}}$ (3) $\sqrt{\sqrt[3]{a}}$

(4) $\sqrt{a}\sqrt[6]{a}$ (5) $\dfrac{\sqrt[3]{a}}{\sqrt[6]{a^5}}$ (6) $\sqrt{a\sqrt[3]{a^2}}$

Q10.11　次の関数のグラフは関数 $y = 4^x$ のグラフをどのように対称移動したものか.

(1) $y = 4^{-x}$ (2) $y = -4^x$ (3) $y = -4^{-x}$

Q10.12　次の指数関数のグラフをかけ. また, 漸近線の方程式を求めよ.

(1) $y = 2^{x-1}$ (2) $y = 3^{-x+1}$

(3) $y = 1.8^x - 1$ (4) $y = 2 - \left(\dfrac{1}{2}\right)^{x+2}$

Q10.13　次の方程式を解け.

(1) $2^x = 64$ (2) $5^{x+1} = \dfrac{1}{125}$ (3) $4^{2x+1} = 8^{1-x}$ (4) $0.25^x = \sqrt[3]{2}$

Q10.14　次の不等式を解け.

(1) $2^x > 32$ (2) $4^{x+1} < 64$ (3) $0.1^x > 1000$

(4) $\left(\dfrac{1}{3}\right)^{x+2} < \dfrac{1}{27}$ (5) $\dfrac{1}{5^x} > 5\sqrt{5}$ (6) $4^{-x-1} > \left(\dfrac{1}{8}\right)^x$

B

Q10.15 次の式を簡単にせよ. → まとめ 10.3 Q10.4

(1) $\sqrt[3]{24} + \sqrt[3]{81} - \sqrt[3]{3}$

(2) $\sqrt[3]{54} + \sqrt[3]{16} - \sqrt[3]{\dfrac{1}{4}}$

(3) $\sqrt[5]{27} \cdot \sqrt[5]{9}$

(4) $\sqrt[3]{144} \div \sqrt[3]{\dfrac{2}{3}}$

Q10.16 次の式を簡単にせよ. → まとめ 10.6 Q10.6

(1) $(2^{-3})^{\frac{5}{4}} \cdot 2^{\frac{3}{4}}$

(2) $\left(27^{\frac{2}{3}} \cdot 64^{-\frac{2}{3}}\right)^{\frac{1}{2}}$

(3) $3^{-2} \div 27^{\frac{4}{3}} \cdot 81^{\frac{3}{2}}$

(4) $16^{\frac{1}{3}} \cdot 36^{\frac{1}{3}} \div 3^{\frac{5}{3}}$

Q10.17 次の式を簡単にせよ. ただし, $a > 0,\ b > 0$ とする.

→ まとめ 10.5, 10.6 Q10.10

(1) $\sqrt[3]{a^4} \sqrt[6]{a} \sqrt{a}$

(2) $\sqrt{a} \cdot \dfrac{\sqrt[3]{a}}{\sqrt[6]{a^5}}$

(3) $\sqrt{a^5 \sqrt[3]{a^7}} \cdot \sqrt[3]{a}$

(4) $\sqrt[6]{a^5 b} \cdot \sqrt[3]{a^2 b} \div \sqrt{ab^{-3}}$

Q10.18 $a^{2x} = 3$ のとき, $\dfrac{a^{3x} + a^{-3x}}{a^x + a^{-x}}$ の値を求めよ. → まとめ 2.5, 10.4, 10.6

Q10.19 $x > 0,\ y > 0$ のとき, 次の式を簡単にせよ. → まとめ 2.2, 2.3 Q10.6, 10.9

(1) $\left(x^{\frac{1}{2}} + y^{\frac{1}{2}}\right)\left(x^{\frac{1}{2}} - y^{\frac{1}{2}}\right)$

(2) $\left(x^{\frac{1}{2}} + x^{-\frac{1}{2}}\right)^2$

(3) $\left(x^{\frac{1}{3}} + x^{-\frac{1}{3}}\right)^3$

(4) $\left(x^{\frac{1}{3}} - y^{\frac{1}{3}}\right)\left(x^{\frac{2}{3}} + x^{\frac{1}{3}} y^{\frac{1}{3}} + y^{\frac{2}{3}}\right)$

例題 10.1

$x^{\frac{1}{2}} + x^{-\frac{1}{2}} = 4$ のとき, 次の式の値を求めよ. ただし, $x > 0$ とする.

(1) $x + x^{-1}$

(2) $x^{\frac{1}{4}} + x^{-\frac{1}{4}}$

解 (1) 与えられた式を 2 乗すると, $x + 2x^0 + x^{-1} = 16$ なので, $x + x^{-1} = 14$ である.
(2) $(x^{\frac{1}{4}} + x^{-\frac{1}{4}})^2 = x^{\frac{1}{2}} + 2x^0 + x^{-\frac{1}{2}} = 4 + 2 = 6$ であり, $x > 0$ より $x^{\frac{1}{4}} + x^{-\frac{1}{4}} > 0$ なので, $x^{\frac{1}{4}} + x^{-\frac{1}{4}} = \sqrt{6}$ である.

Q10.20 $x^{\frac{1}{2}} + x^{-\frac{1}{2}} = 3$ のとき, 次の式の値を求めよ. ただし, $x > 0$ とする.

(1) $x + x^{-1}$

(2) $x^{\frac{3}{2}} + x^{-\frac{3}{2}}$

(3) $x^{\frac{1}{4}} + x^{-\frac{1}{4}}$

Q10.21 次の数の大小を比較せよ. ただし, $a > 0, b > 0$ とする.

→ まとめ 10.6, 10.7 (5)

(1) $\sqrt[3]{49},\ 3\sqrt[3]{3},\ 4$ (2) $\sqrt{2\sqrt{2}},\ \sqrt[5]{2^3},\ \sqrt[3]{4}$ (3) $a^{\frac{1}{2}} + b^{\frac{1}{2}},\ (a+b)^{\frac{1}{2}}$

Q10.22 次の指数関数のグラフをかけ. → Q10.12

(1) $y = \left(\dfrac{3}{2}\right)^{x+2} - 1$ (2) $y = \dfrac{1}{2^{x+2}} + 1$ (3) $y = \left(\dfrac{1}{\sqrt{2}}\right)^{x-1} + 2$

例題 10.2

次の方程式を解け.

(1) $4^x - 2^{x+1} - 8 = 0$ (2) $\begin{cases} 2^x + 2^y = 20 \\ 2^{x+y} = 64 \end{cases}$

- -

解 (1) $2^x = X$ とおく. $4^x = (2^x)^2 = X^2,\ 2^{x+1} = 2^x \cdot 2 = 2X$ であるから, 与えられた方程式は,

$$X^2 - 2X - 8 = 0 \quad \text{よって} \quad X = -2,\ 4$$

が得られる. $X = 2^x > 0$ なので, $X = 4$ である. したがって, $2^x = 4$ から, 求める解は $x = 2$ となる.

(2) $2^x = X,\ 2^y = Y$ とおく. すると, 与えられた方程式は,

$$X + Y = 20, \quad XY = 64$$

となる. このような和と積が与えられた 2 数は, 2 次方程式 $t^2 - 20t + 64 = 0$ の解である (例題 4.2 別解参照). これを因数分解すると $(t - 4)(t - 16) = 0$ となるから, $t = 4,\ 16$ が得られる. したがって, $X = 4, Y = 16$ または $X = 16, Y = 4$ である. よって, 求める解は, $x = 2, y = 4$ または $x = 4, y = 2$ となる.

Q10.23 次の方程式を解け.

(1) $9^x - 3^x - 6 = 0$ (2) $2^{2x+1} + 3 \cdot 2^x - 2 = 0$

(3) $\begin{cases} 3^x + 3^y = \dfrac{28}{3} \\ 3^{x+y} = 3 \end{cases}$ (4) $\begin{cases} 2^x + 4 = 2^y \\ 4^x + 48 = 4^y \end{cases}$

11 対数関数

まとめ

11.1　対数の定義　$a > 0,\, a \neq 1$ のとき，$M > 0$ に対して，

$$x = \log_a M \iff a^x = M$$

11.2　対数の基本法則・性質　$a > 0,\, a \neq 1$ のとき，$M > 0$ に対して

(1) $a^{\log_a M} = M$ 　　　　　　(2) $\log_a a^x = x$

(3) $\log_a 1 = 0$ 　　　　　　　　(4) $\log_a a = 1$

11.3　対数の計算法則　$a > 0,\, a \neq 1$ のとき，$M > 0,\, N > 0$ と実数 p に対して

(1) $\log_a M + \log_a N = \log_a MN$

(2) $\log_a M - \log_a N = \log_a \dfrac{M}{N}$

(3) $p \log_a M = \log_a M^p$

11.4　底の変換公式　$a > 0,\, a \neq 1,\, b > 0,\, b \neq 1,\, M > 0$ のとき，

$$\log_a M = \frac{\log_b M}{\log_b a}$$

11.5　対数関数の性質　対数関数 $y = \log_a x \ (a \neq 1,\, a > 0)$ は指数関数 $y = a^x$ の逆関数であり，次のことが成り立つ.

(1) 定義域は $x > 0$ で，値域は実数全体である.

(2) グラフは点 $(1, 0)$ と点 $(a, 1)$ を通る.

(3) グラフは y 軸（直線 $x = 0$）を漸近線とする.

(4) $a > 1$ のとき単調増加，$0 < a < 1$ のとき単調減少である.

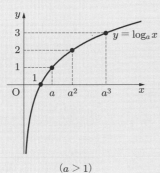

$(a > 1)$

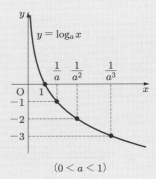

$(0 < a < 1)$

━━━━━　**A**　━━━━━━━━━━━━━━━━━━━━━

Q11.1　次の値を求めよ.

(1) $\log_3 81$　　　　　　　(2) $\log_{10} 1000$　　　　　　(3) $\log_3 \dfrac{\sqrt{3}}{3}$

(4) $\log_5 \dfrac{1}{25}$　　　　　　(5) $\log_{16} 2$　　　　　　　(6) $\log_2 \sqrt[4]{8}$

Q11.2　$a > 0,\ a \neq 1,\ M > 0,\ N > 0$ のとき，$\boxed{}$ 内に正しい式を記入し，対数の計算法則を完成させよ.

(1) $\log_a M + \log_a N = \boxed{}$　　　　(2) $\log_a M - \log_a N = \boxed{}$

(3) $\log_a M^p = \boxed{}$

Q11.3　次の式を計算せよ.

(1) $\log_6 24 + \log_6 9$　　　　　　(2) $\log_2 \dfrac{2}{3} + \log_2 12$

(3) $\log_3 72 - \log_3 8$　　　　　　(4) $\log_3 \dfrac{5}{3} - \log_3 45$

(5) $\log_{10} 30 - 2 \log_{10} 6 + \log_{10} 12$　　(6) $\log_3 12 + \log_3 75 - 2 \log_3 10$

Q11.4　$\log_{10} 2 = s,\ \log_{10} 3 = t$ のとき，次の対数を $s,\ t$ を用いて表せ.

(1) $\log_{10} 24$　　(2) $\log_{10} \dfrac{16}{27}$　　(3) $\log_{10} 0.09$　　(4) $\log_{10} \sqrt{50}$

Q11.5　底の変換公式を用いて，次の値を求めよ.

(1) $\log_2 27 \cdot \log_3 8$　　(2) $\log_4 5 \cdot \log_5 8$　　(3) $\log_3 5 \cdot \log_5 7 \cdot \log_7 9$

Q11.6　次の関数のグラフをかけ. また，漸近線の方程式を求めよ.

(1) $y = \log_3 (x + 2)$　　　　　　(2) $y = \log_2 4x$

(3) $y = \log_{\frac{1}{2}} (x + 1)$　　　　　　(4) $y = \log_2 (-x)$

Q11.7　次の条件式から，x と y の関係を対数を用いずに表せ.

(1) $\log_a y = \log_a (x - 1) + 2$　　(2) $\log_a x + 3 \log_a y = 0$

(3) $x = \log_a \left(\dfrac{y + 2}{a} \right)$

Q11.8　次の方程式を解け.

(1) $\log_5 (2x + 1) = 3$　　　　　　(2) $\log_3 (x - 3) = -2$

(3) $2 \log_2 x = \log_2 (x + 6)$　　　　(4) $\log_3 (x - 2) + \log_3 (2x - 7) = 2$

Q11.9　次の不等式を解け.

(1) $\log_3 (x + 4) \geqq 2$　　　　　　(2) $\log_5 (2x - 1) < -1$

(3) $\log_{\frac{1}{3}} x \geqq -1$　　　　　　(4) $\log_2 (x + 1) + \log_2 (x - 2) < 2$

Q11.10 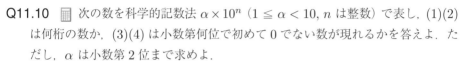 次の数を科学的記数法 $\alpha \times 10^n$（$1 \leq \alpha < 10$, n は整数）で表し, (1)(2) は何桁の数か, (3)(4) は小数第何位で初めて 0 でない数が現れるかを答えよ. ただし, α は小数第 2 位まで求めよ.

(1) 2^{60}　　　　　　(2) 3^{50}　　　　　　(3) 2^{-20}　　　　　　(4) 3^{-25}

Q11.11 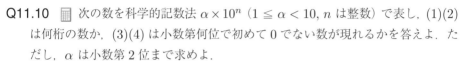 光があるガラス板 1 枚を通過すると, その明るさは 3% 減少する. このガラス板を何枚通過すると, 光の明るさが最初の明るさの半分以下になるか. ただし, $\log_{10} 9.7 = 0.9868$, $\log_{10} 2 = 0.3010$ とする.

B

Q11.12　次の式で, 指数の形で表されている式は対数の形で, 対数の形で表されている式は指数の形で表せ.　　　　　　　　　　　　→ **まとめ 11.1, 11.2**

(1) $2^4 = 16$　　(2) $27^{\frac{2}{3}} = 9$　　(3) $\dfrac{1}{4} = 16^{-0.5}$　　(4) $\dfrac{1}{1000} = 10^{-3}$

(5) $\log_5 1 = 0$　　(6) $\log_2 \dfrac{1}{4} = -2$　　(7) $\dfrac{3}{2} = \log_4 8$　　(8) $4 = \log_{\sqrt{2}} 4$

Q11.13　次の式を簡単にせよ. ただし, $a > 0$, $a \neq 1$, $x > 0$ とし, n は自然数, p は実数とする.　　　　　　　　　　　　→ **まとめ 11.1〜11.3**

(1) $a^{\log_a x}$　　　(2) $a^{-\log_a x}$　　　(3) $a^{p \log_a x}$　　　(4) $a^{\frac{1}{n} \log_a x}$

Q11.14 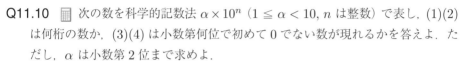 $1.26 = 10^{0.1004}$, $2.31 = 10^{0.3636}$ である. このとき, 次の値を求めよ.　　　　　　　　　　　　　　　　　　　　　　　→ **まとめ 11.3, 11.4**

(1) $\log_{10}(1.26 \times 2.31)$　　　　　(2) $\log_{10} \dfrac{2.31}{1.26}$

(3) $\log_{10} \sqrt[3]{2.31}$　　　　　　　(4) $\log_{1.26} 2.31$

Q11.15 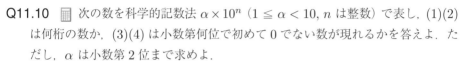 $\log_{10} 2 = 0.3010$, $\log_{10} 3 = 0.4771$ とするとき, 次の式を満たす x の値を, 小数第 5 位を四捨五入して求めよ.　　　　　　→ **Q11.1, 11.4**

(1) $\sqrt[3]{2} = 10^x$　　(2) $\dfrac{1}{\sqrt{27}} = 10^x$　　(3) $\sqrt{6} = 10^x$　　(4) $\sqrt[3]{\sqrt{12}} = 10^x$

Q11.16　次の 2 つの数の大小を比較せよ.　　　　　　→ **まとめ 11.4, 11.5 (4)**

(1) $3 \log_4 3$, $2 \log_2 3$　　　　　　(2) $\log_4 7$, $\log_8 28$

Q11.17 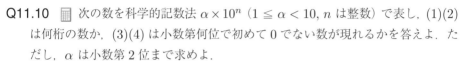 100 g の食塩水がある. これから 20 g とって捨て, かわりに水を 20 g 加える. 塩の濃度がはじめの濃度の $\dfrac{1}{10}$ 以下になるようにするには, この操作を最低何回繰り返さなければならないか. ただし, $\log_{10} 2 = 0.3010$ とする.

→ **Q11.11**

Q11.18 水溶液の水素イオン指数 (pH) は，水素イオン活量 a_{H+} によって

$$\mathrm{pH} = -\log_{10} a_{H+} = \log_{10} \frac{1}{a_{H+}}$$

として定義される値である．このとき，次の問いに答えよ．　　　　　→ Q11.11

(1) pH $= 7$ のとき水溶液は中性である．このような水溶液の水素イオン活量 a_{H+} の値を求めよ．

(2) pH < 7 のとき水溶液は酸性である．このような水溶液の水素イオン活量 a_{H+} の値の範囲を求めよ．

(3) 水素イオン活量 a_{H+} の値が 2 倍になると，水素イオン指数 (pH) の値はどれだけ変化するか．

Q11.19 　地震のエネルギーを $E\,[\mathrm{J}]$ とするとき，地震の規模を表すマグニチュード M と地震のエネルギーとの間には次のような関係がある．

$$\log_{10} E = 4.8 + 1.5M$$

このとき，次の問いに答えよ．　　　　　　　　　　　　　　　　→ Q11.11

(1) 地震のエネルギー E を，マグニチュード M の式で表せ．

(2) マグニチュードが 1 増えると，地震のエネルギー E は何倍になるか．

(3) ある原子爆弾 1 個が放出するエネルギーは，マグニチュード 5.5 の地震のエネルギーに相当するという．マグニチュードが 7.9 の地震のエネルギーは，原子爆弾のおよそ何個分に相当するか．

5

三角関数

12 三角関数

まとめ

12.1 三角比 直角三角形 OHP において，$\angle O = \theta$ とするとき，3 辺の長さの比を次のように定める．$\sin\theta$ を角 θ の正弦（サイン），$\cos\theta$ を余弦（コサイン），$\tan\theta$ を正接（タンジェント）といい，これらを三角比という．

$$\sin\theta = \frac{\mathrm{HP}}{\mathrm{OP}} = \frac{y}{r}, \quad \cos\theta = \frac{\mathrm{OH}}{\mathrm{OP}} = \frac{x}{r}, \quad \tan\theta = \frac{\mathrm{HP}}{\mathrm{OH}} = \frac{y}{x}$$

12.2 三角比と辺の長さ 三角比の値と直角三角形の 1 辺の長さがわかれば，他の辺の長さは，次のように表すことができる．

$$\mathrm{OH} = x = r\cos\theta, \quad \mathrm{PH} = y = r\sin\theta, \quad \mathrm{PH} = y = x\tan\theta$$

 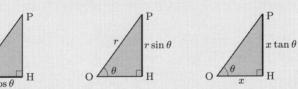 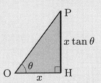

12.3 三角定規の内角の三角比

三角定規の内角の三角比は，右の図から求めることができる．

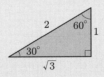

$$\sin 30° = \frac{1}{2}, \quad \cos 30° = \frac{\sqrt{3}}{2}, \quad \tan 30° = \frac{\sqrt{3}}{3}$$

$$\sin 45° = \frac{\sqrt{2}}{2}, \quad \cos 45° = \frac{\sqrt{2}}{2}, \quad \tan 45° = 1$$

$$\sin 60° = \frac{\sqrt{3}}{2}, \quad \cos 60° = \frac{1}{2}, \quad \tan 60° = \sqrt{3}$$

12.4 **弧度法**　半径と弧の長さが等しい扇形の中心角の大きさを **1 ラジアン**（rad）と定め，これを単位として角を測る方法を**弧度法**という．

$$\pi\,[\text{rad}] = 180°$$

12.5 **扇形の弧の長さと面積**　半径 r，中心角 θ の扇形の弧の長さ ℓ，面積 S は次のようになる．

$$\ell = r\theta, \quad S = \frac{1}{2}r^2\theta = \frac{1}{2}r\ell$$

12.6 **動径と一般角**　0 から 2π の範囲を超えて任意の大きさまで角の範囲を広げたものを**一般角**という．

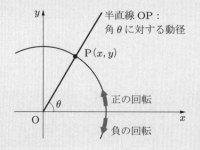

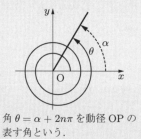

角 $\theta = \alpha + 2n\pi$ を動径 OP の表す角という．

12.7 **三角関数**

$$x = \cos\theta, \quad y = \sin\theta, \quad t = \tan\theta$$

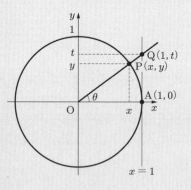

$\cos\theta$ を角 θ の**余弦**（コサイン），$\sin\theta$ を**正弦**（サイン），$\tan\theta$ を**正接**（タンジェント）という．動径またはその延長線が直線 $x = 1$ と交わらないとき，$\tan\theta$ は定義しない．
これらの 3 つの関数を総称して**三角関数**という．

12.8 **三角関数の符号**

$\sin\theta$

$\cos\theta$

$\tan\theta$

12.9 弧度法と正弦，余弦

θ	$\sin\theta$	$\cos\theta$	$\tan\theta$
0	0	1	0
$\dfrac{\pi}{6}$	$\dfrac{1}{2}$	$\dfrac{\sqrt{3}}{2}$	$\dfrac{\sqrt{3}}{3}$
$\dfrac{\pi}{4}$	$\dfrac{\sqrt{2}}{2}$	$\dfrac{\sqrt{2}}{2}$	1
$\dfrac{\pi}{3}$	$\dfrac{\sqrt{3}}{2}$	$\dfrac{1}{2}$	$\sqrt{3}$
$\dfrac{\pi}{2}$	1	0	$-$

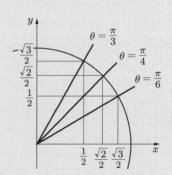

12.10 動径の回転と三角関数　任意の実数 θ と整数 n に対して，次が成り立つ．

$$\sin(\theta + 2n\pi) = \sin\theta, \quad \cos(\theta + 2n\pi) = \cos\theta, \quad \tan(\theta + n\pi) = \tan\theta$$

12.11 三角関数と偶関数・奇関数

$$\sin(-\theta) = -\sin\theta, \quad \cos(-\theta) = \cos\theta, \quad \tan(-\theta) = -\tan\theta$$

12.12 正弦と余弦の関係式

$$\sin\left(\theta + \frac{\pi}{2}\right) = \cos\theta, \quad \cos\left(\theta + \frac{\pi}{2}\right) = -\sin\theta$$

12.13 正接と正弦，余弦の関係式

$$\tan\theta = \frac{\sin\theta}{\cos\theta}$$

12.14 三角関数の基本公式

$$\sin^2\theta + \cos^2\theta = 1, \qquad \tan^2\theta + 1 = \frac{1}{\cos^2\theta}$$

A

Q12.1 次の直角三角形の残りの辺の長さを求め，$\sin\theta, \cos\theta, \tan\theta$ の値を求めよ．

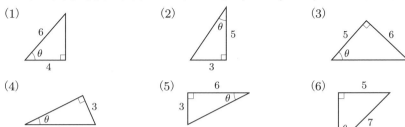

(1)

(2)

(3)

(4)

(5)

(6)

Q12.2 📱 次の直角三角形において，辺の長さ a, b の値を小数第 1 位まで求めよ．

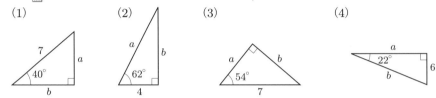

(1)

(2)

(3)

(4)

Q12.3 📱 花火の打ち上げ場所から 290 m だけ離れた地点から眺めていたところ，水平方向から 48° の方向に花火が開いた．この花火が開いた地点の高さは地上からおよそ何 m か．答えは整数で求めよ．ただし，目の位置は地面と同じとしてよい．

Q12.4 📱 ある電波塔から 80 m 離れて，その塔の先端を見たときの仰角を測ったところ，66° であった．この電波塔の高さは何 m か．答えは小数第 1 位まで求めよ．ただし，角度を測定した人の目の高さを 1.5 m とする．

Q12.5 📱 次の図に示された角 θ はおよそ何度か．

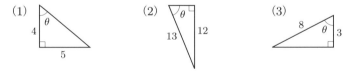

(1)

(2)

(3)

Q12.6 📱 ある鉄道の線路は，水平距離にして 1000 m 進むと垂直方向に 1 m だけ高くなるという．この線路が水平面となす角はどれだけか．小数第 3 位まで求めよ．

Q12.7 高さが 10cm の正三角形の，1 辺の長さと面積を求めよ．

Q12.8 60 分法で表された角 (1)〜(5) を弧度法で，弧度法で表された角 (6)〜(10) を 60 分法で表せ.

(1) $60°$　　(2) $210°$　　(3) $250°$　　(4) $18°$　　(5) $234°$

(6) $\dfrac{\pi}{4}$　　(7) $\dfrac{2\pi}{3}$　　(8) $\dfrac{11\pi}{6}$　　(9) $\dfrac{\pi}{25}$　　(10) $\dfrac{7\pi}{5}$

Q12.9 扇形の半径 r，中心角 θ が次のように与えられているとき，扇形の弧の長さ ℓ と面積 S を求めよ. ただし，角の単位は rad である.

(1) $r = 3$, $\theta = \dfrac{\pi}{3}$　　　　　　　　(2) $r = 9$, $\theta = 2$

Q12.10 扇形の半径を r，中心角を θ，弧の長さを ℓ，面積を S とするとき，以下に指定された値を求めよ. ただし，角の単位は rad である.

(1) $r = 6$, $\ell = 30$ のとき，θ, S　　　　(2) $r = 4$, $S = 40$ のとき，θ, ℓ

(3) $\theta = 2$, $\ell = 30$ のとき，r, S　　　　(4) $\theta = 2$, $S = 8$ のとき，r, ℓ

(5) $\ell = 5$, $S = 20$ のとき，r, θ

Q12.11 次の角に対する動径を図示せよ. ただし，角の向きがわかるように矢印をつけよ.

(1) $\dfrac{3\pi}{4}$　　(2) 2π　　(3) $-\dfrac{5\pi}{6}$　　(4) $\dfrac{8\pi}{3}$　　(5) $\dfrac{17\pi}{3}$　　(6) $-\dfrac{9\pi}{4}$

Q12.12 次の角を $\alpha + 2n\pi$ $(0 \le \alpha < 2\pi$, n は整数) の形に表し，動径と角を図示せよ.

(1) 3π　　　　(2) $-\dfrac{7\pi}{6}$　　(3) $\dfrac{25\pi}{4}$　　(4) $-\dfrac{8\pi}{3}$　　(5) $-\dfrac{35\pi}{6}$

Q12.13 動径と単位円，動径を含む直線と直線 $x = 1$ との交点から，次の値を求めよ.

(1) $\sin 3\pi$, $\cos 3\pi$, $\tan 3\pi$　　　　(2) $\sin \dfrac{5\pi}{2}$, $\cos \dfrac{5\pi}{2}$, $\tan \dfrac{5\pi}{2}$

Q12.14 次の角に対する正弦，余弦，正接の値をすべて求めよ.

(1) $\dfrac{4\pi}{3}$　　　　　　　　(2) $\dfrac{7\pi}{4}$　　　　　　　　(3) $\dfrac{7\pi}{6}$

Q12.15 次の値を求めよ.

(1) $\sin \dfrac{13\pi}{6}$　　　　(2) $\cos \dfrac{7\pi}{2}$　　　　(3) $\cos \left(-\dfrac{\pi}{4}\right)$

(4) $\sin \dfrac{13\pi}{4}$　　　　(5) $\sin \left(-\dfrac{13\pi}{2}\right)$　　　(6) $\cos \dfrac{23\pi}{6}$

(7) $\tan \left(-\dfrac{5\pi}{3}\right)$　　　(8) $\tan \dfrac{7\pi}{2}$　　　　(9) $\tan \left(-\dfrac{19\pi}{6}\right)$

Q12.16 Q12.14 を参考にして，次の角に対する正弦，余弦，正接の値をすべて求めよ．

(1) $-\dfrac{4\pi}{3}$ (2) $-\dfrac{7\pi}{4}$ (3) $-\dfrac{7\pi}{6}$

Q12.17 次の式を $\sin\theta$, $\cos\theta$ のどちらかを用いて表せ．

(1) $\sin(\theta+\pi)$ (2) $\cos(\theta-\pi)$ (3) $\sin\left(\dfrac{3\pi}{2}-\theta\right)$ (4) $\cos\left(\theta+\dfrac{3\pi}{2}\right)$

Q12.18 $\tan\left(\theta-\dfrac{\pi}{2}\right)=-\dfrac{1}{\tan\theta}$ であることを証明せよ．

Q12.19 次の問いに答えよ．

(1) θ が第 2 象限の角で $\sin\theta=\dfrac{2}{3}$ のとき，$\cos\theta, \tan\theta$ の値を求めよ．

(2) θ が第 4 象限の角で $\cos\theta=\dfrac{1}{3}$ のとき，$\sin\theta, \tan\theta$ の値を求めよ．

(3) θ が第 3 象限の角で $\tan\theta=3$ のとき，$\sin\theta, \cos\theta$ の値を求めよ．

Q12.20 次の等式が成り立つことを証明せよ．

(1) $1+\dfrac{1-\tan^2\theta}{1+\tan^2\theta}=2\cos^2\theta$ (2) $\dfrac{1}{\sin\theta}-\dfrac{1}{\tan\theta}=\dfrac{1-\cos\theta}{\sin\theta}$

(3) $\dfrac{\sin^2\theta}{1-\cos\theta}=1+\cos\theta$

B

Q12.21 図に示す三角形 ABC の辺 AB の長さ x，辺 AC の長さ y を求めよ．

→ Q12.1

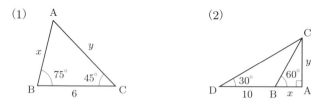

(1)

(2)

Q12.22 🖩 水面から 5 m の高さの岸壁の上からボートがロープでつながれている．ロープをピンと張った場合の岸壁の上からボートまでのロープの長さが 20 m であるならば，ロープを 3 m たぐり寄せたとき，ボートは岸にどれだけ近づくか．答えは小数第 1 位まで求めよ．

→ Q12.1

Q12.23 🖩 ある地点から塔を見上げたとき，その仰角は 12° であった．さらに 100 m 塔に近づいて見上げると，その仰角は 32° になっていた．塔までの距離はあとどれだけか．小数第 1 位まで求めよ．また，目の位置は地面と同じとしてよい． → Q12.3, 12.4

Q12.24 🖩 道に立って塔の先端を見上げたときの仰角は 23° であった．そこから塔に向かって 100 m だけ歩き，再び塔の先端を見上げたら，その仰角は 47° になった．塔の高さはどれだけか．目の高さを 1.6 m として，小数第 1 位まで求めよ． → Q12.3, 12.4

Q12.25 🖩 円の 1/4 の部分（中心角が 90° の扇形）を使って円錐を作る．円錐の頂点を通り底面に垂直な平面で円錐を切ったとき，できた三角形の頂角はおよそ何度になるか． → Q12.1, 12.5

Q12.26 時計の長針と短針が 1 分間に回転する角を弧度法で求めよ．また，次の時刻のとき，時計の長針と短針がなす角を弧度法で求めよ． → Q12.8
(1) 午後 4 時 　　　　　　　　　(2) 午前 9 時
(3) 午前 11 時 55 分 　　　　　(4) 午後 2 時 40 分

Q12.27 半径 6 cm の円と半径 2 cm の円があり，それらは互いに接している．この 2 つの円の外側に図のように糸を掛けるとき，糸の長さは何 cm 必要であるかを求めよ． → Q12.9, 12.10

Q12.28 次の問いに答えよ． → Q12.19
(1) $\sin\theta = \dfrac{2}{5}$ のとき，$\cos\theta, \tan\theta$ の値を求めよ．
(2) $\cos\theta = -\dfrac{1}{5}$ のとき，$\sin\theta, \tan\theta$ の値を求めよ．
(3) $\tan\theta = -\dfrac{1}{2}$ のとき，$\sin\theta, \cos\theta$ の値を求めよ．

Q12.29 次の等式が成り立つことを証明せよ． → Q12.20
(1) $\dfrac{1+\sin\theta}{\cos\theta} = \dfrac{\cos\theta}{1-\sin\theta}$ 　　　　(2) $\dfrac{1}{\sin\theta} - \sin\theta = \dfrac{\cos\theta}{\tan\theta}$
(3) $\dfrac{1-2\sin^2\theta}{\cos\theta+\sin\theta} = \cos\theta - \sin\theta$ 　　(4) $\tan^2\theta + (1-\tan^4\theta)\cos^2\theta = 1$

13 三角関数のグラフと方程式・不等式

■■■ まとめ ■■■

13.1 $y = \sin\theta,\ y = \cos\theta$ **の性質**

(1) 定義域は実数全体, 値域は $-1 \leqq y \leqq 1$ である.

(2) 周期 2π の周期関数である.

$$\sin(\theta + 2n\pi) = \sin\theta, \quad \cos(\theta + 2n\pi) = \cos\theta \quad (n \text{ は整数})$$

(3) $y = \sin\theta$ は奇関数であるから, そのグラフは原点に関して対称である.

$y = \cos\theta$ は偶関数であるから, そのグラフは y 軸に関して対称である.

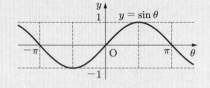 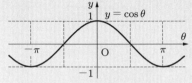

13.2 **正弦, 余弦の相互関係**

(1) $\sin\left(\theta + \dfrac{\pi}{2}\right) = \cos\theta, \quad \sin\left(\theta - \dfrac{\pi}{2}\right) = -\cos\theta$

(2) $\cos\left(\theta + \dfrac{\pi}{2}\right) = -\sin\theta, \quad \cos\left(\theta - \dfrac{\pi}{2}\right) = \sin\theta$

13.3 **正弦, 余弦関数の振幅と周期** $r > 0,\ \omega > 0$ を定数とする. $y = r\sin\omega\theta$, $y = r\cos\omega\theta$ の周期は $T = \dfrac{2\pi}{\omega}$ である. r を振幅という.

13.4 $y = \tan\theta$ **の性質**

(1) 定義域は $\theta \neq \dfrac{\pi}{2} + n\pi$ (n は整数), 値域は
実数全体である.
直線 $\theta = \dfrac{\pi}{2} + n\pi$ がグラフの漸近線である.

(2) 周期 π の周期関数である.

$$\tan(\theta + n\pi) = \tan\theta \quad (n \text{ は整数})$$

(3) $y = \tan\theta$ は奇関数であり, そのグラフは原点に関して対称である.

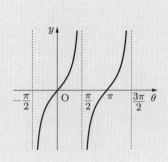

A

Q13.1 次の条件を満たす θ を求めよ.

(1) $\sin\theta = \dfrac{1}{2}$ (2) $\sin\theta = -\dfrac{\sqrt{2}}{2}$

(3) $\cos\theta = \dfrac{\sqrt{3}}{2}$ (4) $\cos\theta = -\dfrac{1}{2}$

Q13.2 次の関数のグラフをかけ. また, 振幅と周期を答えよ.

(1) $y = 5\sin\theta$ (2) $y = -3\cos\theta$ (3) $y = \sin 5\theta$

(4) $y = \cos\dfrac{\theta}{3}$ (5) $y = -2\sin\left(\theta - \dfrac{\pi}{6}\right)$ (6) $y = \cos\left(\theta + \dfrac{7\pi}{4}\right)$

Q13.3 関数 $y = \tan\theta$ のグラフと次の直線との交点の θ 座標を求めよ.

(1) $y = -1$ (2) $y = \sqrt{3}$ (3) $y = -\dfrac{1}{\sqrt{3}}$

Q13.4 $0 \leqq x < 2\pi$ の範囲で次の方程式を解け.

(1) $\sin x = \dfrac{1}{2}$ (2) $\cos x = -\dfrac{\sqrt{3}}{2}$ (3) $\tan x = \sqrt{3}$

(4) $\sin\left(x + \dfrac{\pi}{3}\right) = 1$ (5) $\cos x = -1$ (6) $\tan x = 0$

Q13.5 $0 \leqq x < 2\pi$ の範囲で次の不等式を解け.

(1) $\sin x > \dfrac{\sqrt{3}}{2}$ (2) $\cos x \leqq 0$ (3) $\tan x < -1$

(4) $\sin x < 0$ (5) $\cos x \geqq \dfrac{1}{2}$ (6) $\tan x > \sqrt{3}$

B

Q13.6 任意の角 θ に対して, 次の値に等しいものを ①〜④ の中から 1 つずつ選び, その番号を答えよ.   → まとめ 13.2

(1) $\tan\left(\theta + \dfrac{\pi}{2}\right)$ (2) $\tan(\theta - 3\pi)$

(3) $\tan\left(\theta + \dfrac{3\pi}{2}\right)$ (4) $\tan\left(\dfrac{3\pi}{2} - \theta\right)$

① $\tan\theta$ ② $-\tan\theta$ ③ $\dfrac{1}{\tan\theta}$ ④ $-\dfrac{1}{\tan\theta}$

Q13.7 次のグラフの概形をかけ. また, その周期を求めよ.   → まとめ 13.4

(1) $y = \tan\left(\theta - \dfrac{\pi}{2}\right)$ (2) $y = \tan\theta + 1$ (3) $y = -\tan\dfrac{\theta}{2}$

Q13.8　$0 \leqq x < 2\pi$ の範囲で次の方程式を解け.　　　　　　→ Q13.4

(1) $\sin 2x = \dfrac{1}{\sqrt{2}}$ 　　　　　　(2) $\tan\left(2x + \dfrac{\pi}{2}\right) = \dfrac{1}{\sqrt{3}}$

(3) $4\cos^2 x + 3\sin^2 x = 3$ 　　　　(4) $\cos^2 x = 3\sin^2 x$

(5) $\tan x + 2\sin x = 0$ 　　　　　(6) $\sin^2 x = \sin x$

(7) $2\cos^2 x + \cos x - 1 = 0$

Q13.9　$0 \leqq x < 2\pi$ の範囲で次の不等式を解け.　　　　　　→ Q13.5

(1) $\sin 2x \leqq 0$ 　　　　　　　(2) $2\cos\left(x + \dfrac{\pi}{3}\right) \geqq 1$

(3) $4\sin^2 x < 1$ 　　　　　　　(4) $\cos^2 x \geqq 2\cos x$

例題 13.1

$\sin\theta + \cos\theta = \dfrac{1}{3}$ であるとき, 次の値を求めよ.

(1) $\sin\theta\cos\theta$ 　　　　　　　(2) $\sin^3\theta + \cos^3\theta$

- -

解　(1) $(\sin\theta + \cos\theta)^2 = \dfrac{1}{9}$ より, $\sin^2\theta + 2\sin\theta\cos\theta + \cos^2\theta = \dfrac{1}{9}$ となる. よって,

$\sin\theta\cos\theta = \dfrac{1}{2}\left(\dfrac{1}{9} - 1\right) = -\dfrac{4}{9}$

(2) 与式 $= (\sin\theta + \cos\theta)(\sin^2\theta - \sin\theta\cos\theta + \cos^2\theta) = \dfrac{1}{3}\left\{1 - \left(-\dfrac{4}{9}\right)\right\} = \dfrac{13}{27}$

Q13.10　$\sin\theta + \cos\theta = \dfrac{6}{5}$ であるとき, 次の値を求めよ.

(1) $\sin\theta\cos\theta$ 　　　　(2) $\sin^3\theta + \cos^3\theta$ 　　　　(3) $\sin^4\theta + \cos^4\theta$

- -

Q13.11　2 次方程式 $x^2 - ax + a = 0$ の解が, ある角 θ を用いて $\sin\theta, \cos\theta$ と表されるとき, a の値を定めよ.　　　　　　→ **まとめ 4.3**　**例題 13.1**

Q13.12　次の問いに答えよ.　　　　　　→ Q7.7, 13.4

(1) 関数 $f(x) = \sin^2 x - \sin x + 1$ の最大値, 最小値を求めよ.

(2) 関数 $f(x) = \sin^2 x - 2\cos x - 1$ の最大値を求めよ.

(3) 関数 $f(x) = \sin^2 x - 2a\cos x - a$ の最大値を求めよ.

14 三角関数の加法定理

まとめ

14.1 加法定理　任意の実数 α, β に対して

(1) $\sin(\alpha \pm \beta) = \sin\alpha\cos\beta \pm \cos\alpha\sin\beta$　（複号同順）

(2) $\cos(\alpha \pm \beta) = \cos\alpha\cos\beta \mp \sin\alpha\sin\beta$　（複号同順）

(3) $\tan(\alpha \pm \beta) = \dfrac{\tan\alpha \pm \tan\beta}{1 \mp \tan\alpha\tan\beta}$　（複号同順）

14.2 2倍角の公式　任意の実数 α に対して

(1) $\sin 2\alpha = 2\sin\alpha\cos\alpha$

(2) $\cos 2\alpha = \cos^2\alpha - \sin^2\alpha = 2\cos^2\alpha - 1 = 1 - 2\sin^2\alpha$

(3) $\tan 2\alpha = \dfrac{2\tan\alpha}{1 - \tan^2\alpha}$

14.3 半角の公式　任意の実数 α に対して

$$\sin^2\alpha = \frac{1 - \cos 2\alpha}{2}, \quad \cos^2\alpha = \frac{1 + \cos 2\alpha}{2}, \quad \tan^2\alpha = \frac{1 - \cos 2\alpha}{1 + \cos 2\alpha}$$

14.4 積を和・差に直す公式　任意の実数 α, β に対して

(1) $\sin\alpha\cos\beta = \dfrac{1}{2}\{\sin(\alpha+\beta) + \sin(\alpha-\beta)\}$

(2) $\cos\alpha\sin\beta = \dfrac{1}{2}\{\sin(\alpha+\beta) - \sin(\alpha-\beta)\}$

(3) $\cos\alpha\cos\beta = \dfrac{1}{2}\{\cos(\alpha+\beta) + \cos(\alpha-\beta)\}$

(4) $\sin\alpha\sin\beta = -\dfrac{1}{2}\{\cos(\alpha+\beta) - \cos(\alpha-\beta)\}$

14.5 和・差を積に直す公式　任意の実数 A, B に対して

(1) $\sin A + \sin B = 2\sin\dfrac{A+B}{2}\cos\dfrac{A-B}{2}$

(2) $\sin A - \sin B = 2\cos\dfrac{A+B}{2}\sin\dfrac{A-B}{2}$

(3) $\cos A + \cos B = 2\cos\dfrac{A+B}{2}\cos\dfrac{A-B}{2}$

(4) $\cos A - \cos B = -2\sin\dfrac{A+B}{2}\sin\dfrac{A-B}{2}$

14.6 三角関数の合成　点 $A(a, b)$ に対して，動径 OA の表す角を α とするとき

$$a \sin x + b \cos x = \sqrt{a^2 + b^2} \sin(x + \alpha)$$

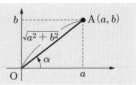

A

Q14.1 $\alpha = \dfrac{\pi}{2}, \beta = \dfrac{\pi}{6}$ のとき，次の式が成り立つことを確かめよ．

(1) $\sin(\alpha - \beta) = \sin \alpha \cos \beta - \cos \alpha \sin \beta$

(2) $\cos(\alpha - \beta) = \cos \alpha \cos \beta + \sin \alpha \sin \beta$

Q14.2 $\tan \alpha = 2, \tan \beta = 3$ のとき，$\tan(\alpha + \beta), \tan(\alpha - \beta)$ の値を求めよ．

Q14.3 加法定理を用いて次の値を求めよ．

(1) $\sin \dfrac{7\pi}{12}$ 　　　　 (2) $\cos \dfrac{7\pi}{12}$ 　　　　 (3) $\tan \dfrac{7\pi}{12}$

(4) $\sin \dfrac{11\pi}{12}$ 　　　　 (5) $\cos \dfrac{11\pi}{12}$ 　　　　 (6) $\tan \dfrac{11\pi}{12}$

Q14.4 α は第 2 象限の角で $\sin \alpha = \dfrac{1}{3}$，$\beta$ は第 3 象限の角で $\cos \beta = -\dfrac{2}{3}$ のとき，次の値を求めよ．

(1) $\cos \alpha$ 　　　　 (2) $\sin \beta$ 　　　　 (3) $\tan \alpha$

(4) $\sin(\alpha + \beta)$ 　　　 (5) $\cos(\alpha + \beta)$ 　　　 (6) $\tan(\alpha + \beta)$

(7) $\sin(\alpha - \beta)$ 　　　 (8) $\cos(\alpha - \beta)$ 　　　 (9) $\tan(\alpha - \beta)$

Q14.5 $\pi < \alpha < \dfrac{3\pi}{2}, \sin \alpha = -\dfrac{5}{13}, \cos \alpha = -\dfrac{12}{13}$ のとき，$\sin 2\alpha, \cos 2\alpha, \sin \dfrac{\alpha}{2},$ $\cos \dfrac{\alpha}{2}$ を求めよ．

Q14.6 次の値を求めよ．

(1) $\sin \dfrac{5\pi}{12} \cos \dfrac{\pi}{12}$ 　　　　　　 (2) $\sin \dfrac{5\pi}{12} \sin \dfrac{\pi}{12}$

(3) $\sin \dfrac{7\pi}{12} - \sin \dfrac{\pi}{12}$ 　　　　 (4) $\cos \dfrac{7\pi}{12} + \cos \dfrac{\pi}{12}$

Q14.7 次の三角関数の積を和・差に直せ．

(1) $\sin x \sin 2x$ 　　　 (2) $\sin x \cos x$ 　　　 (3) $\cos 2x \sin 3x$

Q14.8 次の三角関数の和・差を積に直せ．

(1) $\sin x + \sin 9x$ 　　　　　 (2) $\cos x - \cos \dfrac{9}{10} x$

(3) $\sin 3x - \sin x$ 　　　　　 (4) $\cos 2x + \cos 4x$

Q14.9　次の三角関数を合成し，その振幅を求めよ．

(1) $y = \sin x + \sqrt{3}\cos x$　　　　　(2) $y = 2\sin x - 2\cos x$

Q14.10　次の関数を $y = r\sin(x + \alpha)$ $(r > 0,\ 0 \le \alpha < 2\pi)$ の形に表し，y の最大値と最小値を求めよ．

(1) $y = \sin x + \cos x$　　　　　(2) $y = -5\sin x + 5\cos x$

B

Q14.11　次の等式が成り立つことを証明せよ．　　　　　→ まとめ 14.2

(1) $(\sin\theta + \cos\theta)^2 = 1 + \sin 2\theta$　　　(2) $\cos^4\theta - \sin^4\theta = \cos 2\theta$

(3) $(1 - \cos\theta)^2 + \sin^2\theta = 4\sin^2\dfrac{\theta}{2}$

Q14.12　与えられた条件から指定された値を求めよ．　　　　　→ Q14.4

(1) α は第 4 象限の角で，$\cos\alpha = \dfrac{3}{4}$ のとき，$\sin\left(\alpha - \dfrac{5\pi}{3}\right)$

(2) α は第 1 象限の角で，$\cos\alpha = \dfrac{4}{5}$ のとき，$\cos\left(\alpha + \dfrac{2\pi}{3}\right)$

(3) α は第 2 象限の角で，$\sin\alpha = \dfrac{1}{3}$ のとき，$\cos\left(\alpha - \dfrac{7\pi}{6}\right)$

(4) $\tan\alpha = 2$ のとき，$\tan\left(\alpha + \dfrac{4\pi}{3}\right)$

Q14.13　θ が第 1 象限の角で，$\cos\theta = a$ とするとき，次の値を a を用いて表せ．　　　　　→ まとめ 14.2　Q14.5

(1) $\cos 2\theta$　　　　　(2) $\sin 2\theta$　　　　　(3) $\tan 2\theta$

Q14.14　半角の公式を用いて，次の値を求めよ．　　　　　→ まとめ 14.3　Q14.5

(1) $\cos\dfrac{\pi}{8}$　　　　　(2) $\cos\dfrac{\pi}{16}$　　　　　(3) $\cos\dfrac{\pi}{32}$

Q14.15　等式 $\sin(x + \alpha) + \sin(x + \beta) = \sqrt{2}\sin x$ が，x についての恒等式となるように，定数 α, β の値を定めよ．ただし，$-\dfrac{\pi}{2} \le \alpha \le \dfrac{\pi}{2}$，$-\dfrac{\pi}{2} \le \beta \le \dfrac{\pi}{2}$ とする．

→ Q13.4, 14.8

Q14.16　次の方程式を解け．　　　　　→ まとめ 14.2　Q13.4, 14.9

(1) $\sin 2x + \sin x = 0$　　　　　(2) $\cos 2x + \cos x = 0$

(3) $\sqrt{3}\sin x + \cos x = 1$

Q14.17 $0 \leqq x < 2\pi$ の範囲で，次の不等式を解け．　→ **まとめ** 14.2　Q13.5, 14.10

(1) $\cos x + \sin x \geqq 0$ 　　　(2) $\sin 2x \geqq 2 \sin x$ 　　　(3) $\sin 2x \geqq 2 \cos x$

Q14.18 次の三角関数を合成し，$r\sin(x+\alpha)$ の形に表せ．また，このときの α を図示せよ．さらに，$f(x)$ の最大値と最小値を求めよ．ただし，$r > 0,\ 0 \leqq \alpha < 2\pi$ とする．　　　　　　　　　　　　　　　　→ Q14.10

(1) $f(x) = \sin x + 2\cos x$ 　　　(2) $f(x) = -3\sin x + 4\cos x$

(3) $f(x) = \sin x - 5\cos x$ 　　　(4) $f(x) = -3\sin x - 2\cos x$

C

Q14.19 n を 3 以上の自然数とする．単位円に内接する正 n 角形の周囲の長さを a_n とするとき，次の問いに答えよ．　　　　　　　　　　　（類題：東京大学）

(1) a_n を n を用いて表せ．

(2) a_{12} の値を求めよ．

(3) 円周率が 3.08 より大きいことを示せ．

15　三角比と三角形への応用

まとめ

15.1 三角形の記号　図の $\triangle ABC$ において，$\angle A$, $\angle B$, $\angle C$ の大きさをそれぞれ A, B, C で表し，頂点 A, B, C の対辺の長さをそれぞれ a, b, c で表す．また，面積を S，外接円の半径を R で表す．

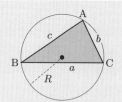

15.2 $0° < \theta < 180°$ に対する三角比

$$\sin(180° - \theta) = \sin\theta, \quad \cos(180° - \theta) = -\cos\theta, \quad \tan(180° - \theta) = -\tan\theta$$

$\sin 90° = 1,\ \cos 90° = 0.\ \tan 90°$ は定義しない．

15.3 正弦定理　$\dfrac{a}{\sin A} = \dfrac{b}{\sin B} = \dfrac{c}{\sin C} = 2R$

15.4　余弦定理　$a^2 = b^2 + c^2 - 2bc\cos A, \quad \cos A = \dfrac{b^2 + c^2 - a^2}{2bc}$

$$b^2 = c^2 + a^2 - 2ca\cos B, \quad \cos B = \dfrac{c^2 + a^2 - b^2}{2ca}$$

$$c^2 = a^2 + b^2 - 2ab\cos C, \quad \cos C = \dfrac{a^2 + b^2 - c^2}{2ab}$$

15.5　三角形の面積

$$S = \frac{1}{2}bc\sin A = \frac{1}{2}ca\sin B = \frac{1}{2}ab\sin C$$

15.6　ヘロンの公式

$$s = \frac{a+b+c}{2} \text{ とするとき } \quad S = \sqrt{s(s-a)(s-b)(s-c)}$$

A

Q15.1　次の値を求めよ.

(1) $\sin 120°$　　　　　　　(2) $\cos 150°$　　　　　　　(3) $\tan 135°$

Q15.2　△ABC において次の問いに答えよ. なお, R は外接円の半径である.

(1) $A = 45°$, $B = 30°$, $a = 8$ のとき, b を求めよ.

(2) $B = 120°$, $C = 45°$, $b = 10$ のとき, c を求めよ.

(3) $B = 15°$, $C = 30°$, $c = 5$ のとき, a を求めよ.

(4) $B = 150°$, $b = 2$ のとき, R を求めよ.

(5) $a = 5$, $R = \dfrac{5}{2}\sqrt{2}$ のとき, A を求めよ. ただし, A は鈍角である.

Q15.3　△ABC において次の問いに答えよ.

(1) $a = 3$, $b = 5$, $C = 60°$ のとき, c を求めよ.

(2) $b = 1$, $c = 5$, $A = 135°$ のとき, a を求めよ.

(3) $a = 4$, $b = \sqrt{21}$, $c = 5$ のとき, B を求めよ.

Q15.4　次の △ABC の面積を求めよ.

(1) $a = 2$, $b = 3$, $C = 60°$　　　　(2) $b = 3$, $c = 5$, $A = 135°$

Q15.5　次の △ABC において, $\sin A$ の値を求めよ. また, 面積 S を求めよ.

(1) $a = 3$, $b = 3$, $c = 4$　　　　(2) $a = 5$, $b = 7$, $c = 8$

Q15.6　次の △ABC の面積を求めよ.

(1) $a = 5$, $b = 10$, $c = 9$　　　　(2) $a = 4$, $b = 6$, $c = 5$

================ **B** ================

Q15.7 ▦ △ABC において次の問いに答えよ.　　　　　　　　→ Q15.2
　　(1) $B = 52°$, $C = 33°$, $b = 12$ のとき, c を小数第 1 位まで求めよ.
　　(2) $A = 38°$, $B = 64°$, $c = 10$ のとき, a を小数第 1 位まで求めよ.
　　(3) $a = 5$, $b = 2$, $A = 123°$ のとき, B はおよそ何度か.
　　(4) $b = 11$, $c = 7$, $B = 49°$ のとき, C はおよそ何度か.

Q15.8 ▦ △ABC において次の問いに答えよ.　　　　　　　　→ Q15.3
　　(1) $a = 7$, $b = 2$, $C = 56°$ のとき, c を小数第 1 位まで求めよ.
　　(2) $b = 3$, $c = 4$, $A = 99°$ のとき, a を小数第 1 位まで求めよ.
　　(3) $a = 3$, $b = 5$, $c = 6$ のとき, B はおよそ何度か.

例題 15.1 ─────────────────────────────

　　△ABC において, $a \sin A + b \sin B = c \sin C$ が成り立っているとき, △ABC は
どのような三角形か.

- -

解　正弦定理によって

$$\sin A = \frac{a}{2R}, \quad \sin B = \frac{b}{2R}, \quad \sin C = \frac{c}{2R}$$

が成り立つ. これらを与えられた条件式に代入すると,

$$\frac{a^2}{2R} + \frac{b^2}{2R} = \frac{c^2}{2R} \quad \text{よって} \quad a^2 + b^2 = c^2$$

が得られる. したがって, △ABC は $C = 90°$ の直角三角形である.

─── **+**

Q15.9 △ABC において次の関係が成り立つとき, △ABC はどのような三角形か.
　　(1) $a \sin A = b \sin B$　　　　　　　　(2) $a \cos A = b \cos B$

- -

Q15.10 ▦ 次の三角形の面積を求めよ. (2)(3) は小数第 1 位まで求めよ.　→ Q15.4
　　(1) $a = 6$, $A = B = 75°$　　　　　　(2) $a = 5$, $b = 8$, $C = 38°$
　　(3) $b = 2$, $c = 9$, $A = 119°$

Q15.11 四角形 ABCD の 2 つの対角線の長さを l, m とし, それらが作る角を
$\theta \left(0 < \theta \leqq \dfrac{\pi}{2} \right)$ とするとき, 四角形 ABCD の面積 S を l, m, θ を用いて表
せ.　　　　　　　　　　　　　　　　　　　　　　　　　→ Q15.4, 15.5

6

平面図形

16 点と直線

■■■ まとめ ■■■

16.1 数直線上の内分点 $m > 0$, $n > 0$ とするとき，数直線上の 2 点 A(a)，B(b) に対して，線分 AB を $m : n$ に内分する点の座標 x は

$$x = \frac{na + mb}{m + n}$$

とくに，線分 AB の中点の座標 x は

$$x = \frac{a + b}{2}$$

16.2 座標平面上の内分点 座標平面上の 2 点 A(x_1, y_1)，B(x_2, y_2) に対して，線分 AB を $m : n$ に内分する点の座標は

$$\left(\frac{nx_1 + mx_2}{m + n}, \ \frac{ny_1 + my_2}{m + n} \right)$$

とくに，線分 AB の中点の座標は

$$\left(\frac{x_1 + x_2}{2}, \ \frac{y_1 + y_2}{2} \right)$$

また，3 点 A(x_1, y_1)，B(x_2, y_2)，C(x_3, y_3) を頂点とする三角形 ABC の重心 G の座標は

$$\left(\frac{x_1 + x_2 + x_3}{3}, \ \frac{y_1 + y_2 + y_3}{3} \right)$$

16.3 座標平面上の 2 点間の距離 座標平面上の 2 点 A(x_1, y_1)，B(x_2, y_2) 間の距離は

$$AB = \sqrt{(x_2 - x_1)^2 + (y_2 - y_1)^2}$$

とくに，原点 O$(0, 0)$ と点 P(x, y) との距離は

$$OP = \sqrt{x^2 + y^2}$$

16.4 **直線の方程式 I**　点 (x_1, y_1) を通り，傾きが m の直線の方程式は

$$y - y_1 = m(x - x_1)$$

16.5 **直線の方程式 II**　2 点 (x_1, y_1), (x_2, y_2) を通る直線の方程式は

$$y - y_1 = \frac{y_2 - y_1}{x_2 - x_1}(x - x_1) \quad (x_1 \neq x_2 \text{ のとき})$$
$$x = x_1 \quad\quad\quad\quad\quad (x_1 = x_2 \text{ のとき})$$

16.6 **直線の方程式の一般形**　直線の方程式は

$$ax + by = 0 \quad (a, b \text{ のどちらかは } 0 \text{ でない})$$

という形に表すことができる．これを**直線の方程式の一般形**という．

16.7 **2 直線の平行条件・垂直条件**　$\ell_1 : y = m_1 x + k_1$, $\ell_2 : y = m_2 x + k_2$ とするとき，次のことが成り立つ．

$$\ell_1 \parallel \ell_2 \iff m_1 = m_2$$
$$\ell_1 \perp \ell_2 \iff m_1 m_2 = -1$$

A

Q16.1　次の数直線上の 2 点 A，B 間の距離を求めよ．

(1) A(3), B(-5)　　　　(2) A($x - 2$), B($x + 2$)　　　(3) A(π), B($\sqrt{5}$)

Q16.2　$a > 0$ のとき，点 A(a), B($-a$) に対して，線分 AB を $m : n$ に内分する点の座標 x は $x = \dfrac{-m + n}{m + n}a$ であることを証明せよ．

Q16.3　数直線上の 2 点 A(-4), B(5) に対して，次の点の座標を求めよ．

(1) 線分 AB を $2 : 1$ に内分する点　　(2) 線分 AB を $3 : 4$ に内分する点
(3) 線分 AB の中点　　　　　　　　　(4) 線分 BA を $4 : 5$ に内分する点

Q16.4　平面上の 2 点 A($3, 8$), B($-5, 2$) に対して，次の点の座標を求めよ．

(1) 線分 AB を $3 : 1$ に内分する点　　(2) 線分 AB の中点

Q16.5　次の 3 点を頂点とする三角形の重心 G の座標を求めよ．

(1) $(0, 0), (1, -7), (-4, 1)$　　　　(2) $(-1, -2), (2, 1), (4, -3)$

Q16.6　3 点 A($5, 1$), B($-3, 0$), C を頂点とする三角形の重心が原点であるとき，点 C の座標を求めよ．

Q16.7 次の2点間の距離を求めよ.

(1) O$(0,0)$, A$(3,5)$　　　　　(2) A$(1,2)$, B$(7,4)$

(3) A$(-3,1)$, B$(0,-2)$　　　(4) A$(1,-2)$, B$(-5,-6)$

Q16.8 2点 A$(4,3)$, B$(0,1)$ に対して，次の問いに答えよ.

(1) 2点 A, B から等距離にある x 軸上の点 P の座標を求めよ.

(2) 2点 A, B から等距離にある y 軸上の点 Q の座標を求めよ.

Q16.9 次の条件を満たす直線の方程式を求めよ.

(1) 点 $(1,-2)$ を通り，傾き 2　　　(2) 点 $(-3,4)$ を通り，傾き -3

Q16.10 次の2点を通る直線の方程式を求めよ.

(1) $(-1,6)$, $(2,-6)$　　　　　(2) $(-2,-7)$, $(1,2)$

(3) $(-2,3)$, $(3,3)$　　　　　　(4) $(2,-3)$, $(2,5)$

Q16.11 次の方程式が表す図形を座標平面上にかけ.

(1) $\dfrac{1}{4}x + \dfrac{1}{5}y = 1$　　　(2) $3x - 7 = 0$　　　(3) $2y + 3 = 0$

Q16.12 点 $(1,-2)$ を通り，次の直線に平行な直線の方程式を求めよ.

(1) $2x - 3y + 2 = 0$　　　　(2) $5x + 2y - 8 = 0$

(3) $y = -3$　　　　　　　　　(4) $x = 5$

Q16.13 点 $(1,-2)$ を通り，次の直線に垂直な直線の方程式を求めよ.

(1) $x - y + 5 = 0$　　　　　(2) $2x + 7y - 3 = 0$

(3) $y = 2$　　　　　　　　　(4) $x = 3$

Q16.14 直線 $\ell : 2x + y - 5 = 0$ に関して，点 A$(-4,3)$ と対称な点 B の座標を求めよ.

B

Q16.15 △ABC の3辺 AB, BC, CA の中点の座標が，それぞれ $(2,1)$, $(1,3)$, $(-1,2)$ であるとき，3点 A, B, C の座標を求めよ.　　　**→ まとめ 16.3　Q16.4**

Q16.16 4つの点 A$(-2,3)$, B$(0,9)$, C$(2,2)$, D が平行四辺形 ABCD を作っている. 対角線 AC, BD の交点を E とするとき，次の問いに答えよ.

→ まとめ 16.2　Q16.4

(1) 点 E の座標を求めよ.　　　(2) 点 D の座標を求めよ.

Q16.17　A$(-1,-3)$, B$(2,-1)$ とし，2 点 P, Q は直線 AB 上にあるとする．点 B は線分 AP を $2:3$ の比に内分し，点 A は線分 QB を $1:4$ の比に内分する．このとき，次の問いに答えよ．　　　　　　　　　　　　　**→ まとめ 16.3　Q16.4**

(1) 点 P の座標を求めよ．　　　　　　(2) 点 Q の座標を求めよ．

Q16.18　3 点 A(x_1, y_1), B(x_2, y_2), C(x_3, y_3) を頂点とする △ABC がある．各辺 AB, BC, CA を $m:n$ の比に内分する点をそれぞれ，L, M, N とする．このとき，△ABC の重心と △LMN の重心は一致することを証明せよ．

→ まとめ 16.2　Q16.4, 16.5

Q16.19　3 点 A$(1,1)$, B$(-2,2)$, C$(-3,-1)$ を頂点とする三角形は，直角二等辺三角形であることを示せ．　　　　　　　　　　　　　　　　　　　**→ Q16.7**

Q16.20　四角形 ABCD の 4 辺 AB, BC, CD, DA の中点をそれぞれ，P, Q, R, S とするとき，次の等式が成り立つことを証明せよ．　　　　　　**→ Q16.4, 16.7**

$$AC^2 + BD^2 = 2(PR^2 + QS^2)$$

Q16.21　3 点 A$(5,0)$, B$(-2,1)$, C$(4,1)$ から等距離にある点の座標を求めよ．

→ Q16.8

Q16.22　3 本の直線 $\ell_1 : 2x + 3y - 8 = 0$, $\ell_2 : x - 2y + 3 = 0$, $\ell_3 : \alpha x + y + 1 = 0$ が 1 点で交わるような定数 α の値を求めよ．また，そのときの交点の座標を求めよ．　　　　　　　　　　　　　　　　　　　　　　　　　　**→ Q4.8**

Q16.23　3 点 A$(7,-2)$, B$(3,6)$, C$(-1,0)$ について，次の直線の方程式を求めよ．

→ Q16.13

(1) 線分 AB の垂直二等分線　　　(2) 線分 BC の垂直二等分線

Q16.24　点 A$(5,-1)$ から直線 $\ell : 4x - 3y + 2 = 0$ に垂線を引き，この垂線と直線 ℓ との交点を H とするとき，次の問いに答えよ．　　　　　**→ Q16.7, 16.13**

(1) 点 H の座標を求めよ．　　　　(2) 点 A と直線 ℓ との距離を求めよ．

Q16.25　$a \neq 0$ または $b \neq 0$ とする．原点 O$(0,0)$，点 A(x_0, y_0)，直線 $\ell : ax + by + c = 0$ について，次の問いに答えよ．　　　　　　　　　　**→ Q16.7, 16.13**

(1) 原点 O と直線 ℓ との距離は $\dfrac{|c|}{\sqrt{a^2 + b^2}}$ であることを示せ．

(2) 点 A と直線 ℓ との距離は $\dfrac{|ax_0 + by_0 + c|}{\sqrt{a^2 + b^2}}$ であることを示せ．

Q16.26 k を定数とするとき，直線 $(2k+1)x + (k-1)y = k+5$ について，次の問いに答えよ．　→ **まとめ 6.1**　**Q4.8**

(1) $k = -1, k = 0, k = 1$ のときのそれぞれについて，この直線をかけ．

(2) この直線は，定数 k がどのような値であってもある点を通ることを証明せよ．

C

Q16.27 点 A$(2, -1)$ と直線 $\ell : 3x + 4y - 7 = 0$ の距離を求めよ．　（類題：福井大学）

Q16.28 3 本の直線

$$\ell_1 : 3x + 2y - 7 = 0, \qquad \ell_2 : x + 2y - 1 = 0, \qquad \ell_3 : x - 2y + 3 = 0$$

があり，直線 ℓ_1 と直線 ℓ_2 の交点を A，直線 ℓ_2 と直線 ℓ_3 の交点を B，直線 ℓ_1 と直線 ℓ_3 の交点を C とする．次の問いに答えよ．　（類題：岐阜大学）

(1) 3 つの点 A, B, C の座標を求めよ．

(2) 三角形 ABC の面積を求めよ．

17　平面上の曲線

まとめ

17.1 円の方程式　点 (a, b) を中心とし，半径が r の円の方程式は

$$(x - a)^2 + (y - b)^2 = r^2$$

である．とくに，原点を中心とし，半径が r の円の方程式は次の式で表される．

$$x^2 + y^2 = r^2$$

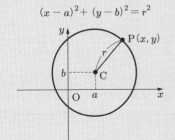

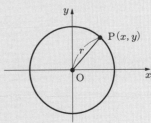

17.2 楕円の方程式

(1) $0 < c < a$ とするとき，焦点 $F(c,0)$, $F'(-c,0)$ からの距離の和が $2a$ である楕円の方程式は，$a^2 - c^2 = b^2$ $(b > 0)$ とおいて，$\dfrac{x^2}{a^2} + \dfrac{y^2}{b^2} = 1$ と表すことができる.

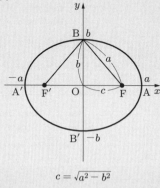

$$c = \sqrt{a^2 - b^2}$$

(2) $0 < c < b$ とするとき，焦点 $F(0,c)$, $F'(0,-c)$ からの距離の和が $2b$ である楕円の方程式は，$b^2 - c^2 = a^2$ $(a > 0)$ とおいて，$\dfrac{x^2}{a^2} + \dfrac{y^2}{b^2} = 1$ と表すことができる.

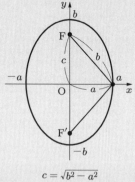

$$c = \sqrt{b^2 - a^2}$$

17.3 双曲線の方程式と漸近線

(1) $0 < a < c$ とするとき，焦点 $F(c,0)$, $F'(-c,0)$ からの距離の差が $2a$ である双曲線の方程式は，$c^2 - a^2 = b^2$ $(b > 0)$ とおいて，$\dfrac{x^2}{a^2} - \dfrac{y^2}{b^2} = 1$ と表すことができる.

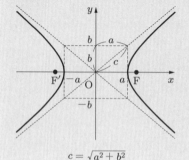

$$c = \sqrt{a^2 + b^2}$$

(2) $0 < b < c$ とするとき，焦点 $F(0,c)$, $F'(0,-c)$ からの距離の差が $2b$ である双曲線の方程式は，$c^2 - b^2 = a^2$ $(a > 0)$ とおいて，$\dfrac{x^2}{a^2} - \dfrac{y^2}{b^2} = -1$ と表すことができる.

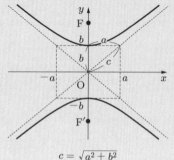

$$c = \sqrt{a^2 + b^2}$$

いずれの場合も，直線 $y = \dfrac{b}{a}x$, $y = -\dfrac{b}{a}x$ が漸近線となる.

17.4 **放物線の方程式** $p \neq 0$ とする.

(1) 焦点 F$(p,0)$, 準線 $\ell : x = -p$ からの距離が等しい放物線の方程式は, $y^2 = 4px$ と表すことができる.

(2) 焦点 F$(0,p)$, 準線 $\ell : y = -p$ からの距離が等しい放物線の方程式は, $x^2 = 4py$ と表すことができる.

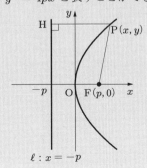
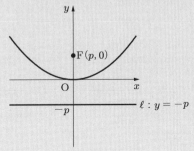

A

Q17.1 次の条件を満たす円の方程式を求めよ.

(1) 点 $(2,-1)$ を中心とし, 半径が 5 の円

(2) 点 $(-3,2)$ を中心とし, 点 $(-1,-2)$ を通る円

(3) 2 点 $(-3,2), (1,4)$ を直径の両端とする円

(4) 原点と点 $(3,4)$ を直径の両端とする円

Q17.2 次の方程式はどのような図形を表すか.

(1) $x^2 + y^2 = 16$ (2) $x^2 + y^2 + 6x + 8 = 0$

(3) $x^2 + y^2 + 2x - 4y + 1 = 0$ (4) $x^2 + y^2 - 4x + 8y + 18 = 0$

Q17.3 次の 3 点を通る円の方程式を求めよ. また, その円の中心と半径を求めよ.

(1) 原点, $(5,-5), (-3,-1)$ (2) $(0,6), (8,2), (-7,-3)$

Q17.4 2 点 A$(-4,0)$, B$(4,0)$ に対して, AP : BP $= 1 : 3$ を満たす点 P の軌跡を求めよ.

Q17.5 次の楕円を図示せよ. また, 頂点, 焦点の座標を求め, 焦点から楕円上の点までの距離の和を求めよ.

(1) $\dfrac{x^2}{9} + \dfrac{y^2}{4} = 1$ (2) $\dfrac{x^2}{16} + \dfrac{y^2}{25} = 1$

(3) $x^2 + 9y^2 = 9$ (4) $25x^2 + 4y^2 = 100$

Q17.6　次の双曲線を図示せよ．また，頂点と焦点の座標，漸近線の方程式を求め，焦点から双曲線上の点までの距離の差を求めよ．

(1) $\dfrac{x^2}{16} - \dfrac{y^2}{9} = 1$　　　　　　(2) $x^2 - \dfrac{y^2}{4} = -1$

(3) $x^2 - 9y^2 = 9$　　　　　　　　(4) $4x^2 - 9y^2 = -36$

Q17.7　次の放物線を図示せよ．また，焦点の座標，準線の方程式を求めよ．

(1) $y^2 = 4x$　　　　　　　　　(2) $y^2 = -x$

(3) $x^2 = 2y$　　　　　　　　　(4) $x^2 = -8y$

Q17.8　次の 2 次曲線と直線との共有点の座標を求めよ．

(1) 円 $x^2 + y^2 = 4$，　直線 $x + y = 0$

(2) 双曲線 $\dfrac{x^2}{4} - y^2 = 1$，　直線 $x - y + 2 = 0$

Q17.9　円 $x^2 + y^2 = 1$ と直線 $y = -2x + k$ が接するときの定数 k の値，および接点の座標を求めよ．

B

Q17.10　中心が直線 $y = x$ 上にあり，原点と点 $(2, 4)$ を通る円の方程式を求めよ．

→ Q17.1

Q17.11　円 $(x+3)^2 + (y-2)^2 = 4$ と直線 $x + y - 1 = 0$ の交点を結ぶ線分を直径の両端とする円の方程式を求めよ．

→ Q17.1

Q17.12　円 $x^2 + y^2 = r^2$ と円上の点 $A(x_0, y_0)$ に対して，点 A における円の接線の方程式は $x_0 x + y_0 y = r^2$ と表されることを示せ．ただし，$r > 0$ とする．

→ まとめ 16.4　Q16.11

Q17.13　点 $(0, 2)$ から円 $x^2 + y^2 = 2$ へ引いた接線の方程式と，その接点の座標を求めよ．

→ まとめ 16.4　Q17.9, 17.12

Q17.14　点 P が円 $x^2 + y^2 = 4$ 上を動くとき，点 P と点 $A(6, 0)$ を結ぶ線分の中点 M の軌跡を求めよ．

→ Q17.4

Q17.15　円 $x^2 + y^2 = r^2$ の外側に点 $P(a, b)$ がある．点 P から円に接線を引いたとき，点 P と接点との距離を求めよ．

Q17.16　円 $C_1 : (x-2)^2 + (y-1)^2 = 1$ の上に点 P_1，円 $C_2 : (x+3)^2 + (y-6)^2 = 1$ の上に点 P_2 がある．線分 $P_1 P_2$ の長さが最小となるときの，点 P_1 と点 P_2 の座標を求めよ．

→ Q4.8, 16.10

Q17.17 次の条件を満たす点の軌跡の方程式を求めよ． → Q17.5

(1) 2 点 $(\sqrt{7}, 0)$, $(-\sqrt{7}, 0)$ からの距離の和が 8

(2) 2 点 $(0, 2\sqrt{3})$, $(0, -2\sqrt{3})$ からの距離の和が 8

Q17.18 次の条件を満たす点の軌跡の方程式を求めよ． → Q17.6

(1) 2 点 $(\sqrt{13}, 0)$, $(-\sqrt{13}, 0)$ からの距離の差が 6

(2) 2 点 $(0, 2\sqrt{5})$, $(0, -2\sqrt{5})$ からの距離の差が 4

Q17.19 次の条件を満たす点の軌跡の方程式を求めよ． → Q17.7

(1) 点 $(3, 0)$ と直線 $x = -3$ からの距離が等しい

(2) 点 $(0, 2)$ と直線 $y = -2$ からの距離が等しい

例題 17.1

2 次曲線 $x^2 - 2x - 9y^2 + 36y - 26 = 0$ はどのような曲線か．

解 与えられた方程式は，

$$\frac{(x-1)^2}{9} - (y-2)^2 = -1$$

と変形することができる．したがって，与えられた 2 次曲線は，双曲線 $\dfrac{x^2}{9} - y^2 = -1$ を x 軸方向に 1，y 軸方向に 2 だけ平行移動した曲線である．

Q17.20 次の 2 次曲線はどのような曲線か．

(1) $9x^2 + 4y^2 - 18x + 16y = 11$

(2) $4x^2 - y^2 + 16x + 2y + 11 = 0$

(3) $x^2 + 4y + 6x + 1 = 0$

Q17.21 点 A$(0, -2)$, B$(1, 0)$ とし，点 P は放物線 $y = x^2$ の上にあるとする．このとき，$\triangle$ABP の面積の最小値を求めよ． → Q16.25

Q17.22 楕円 $\dfrac{x^2}{4} + y^2 = 1$ と直線 $y = x + k$ が接するとき，定数 k の値を求めよ．また，そのときの接点の座標も求めよ． → Q17.9

Q17.23 楕円 $\dfrac{x^2}{9} + y^2 = 1$ 上の点 P と点 A$(1, 0)$ との距離の最小値を求めよ．

→ Q7.6, 16.7

Q17.24 $a > b > 0$ とする. 点 $A(b, a)$ から楕円 $\dfrac{x^2}{a^2} + \dfrac{y^2}{b^2} = 1$ へ引いた 2 本の接線は直交することを証明せよ. → まとめ 4.2, 4.3

C

Q17.25 方程式 $4x^2 - 8x + 9y^2 - 36y + 4 = 0$ によって表される曲線の概形をかけ.

(類題：福井大学)

---

18 平面上の領域

まとめ

18.1 不等式と領域 I

(1) 不等式 $y > f(x)$ の表す領域は，曲線 $y = f(x)$ より上側である.

(2) 不等式 $y < f(x)$ の表す領域は，曲線 $y = f(x)$ より下側である.

18.2 不等式と領域 II

(1) 不等式 $x > f(y)$ の表す領域は，曲線 $x = f(y)$ より右側である.

(2) 不等式 $x < f(y)$ の表す領域は，曲線 $x = f(y)$ より左側である.

18.3 不等式と領域 III

(1) 不等式 $x^2 + y^2 < r^2$ の表す領域は，円 $x^2 + y^2 = r^2$ の内部である.

(2) 不等式 $x^2 + y^2 > r^2$ の表す領域は，円 $x^2 + y^2 = r^2$ の外部である.

中心が原点でない円や楕円についても，同様のことが成り立つ.

A

Q18.1 次の不等式の表す領域を図示せよ.

(1) $y > 2x + 3$ (2) $x + 2y \leqq 2$ (3) $3x - 2y + 4 > 0$

Q18.2 次の不等式の表す領域を図示せよ.

(1) $\dfrac{x}{4} + \dfrac{y}{3} \leqq 1$ (2) $2x + 8 \geqq 0$ (3) $5 - 3y < 0$

Q18.3　次の不等式の表す領域を図示せよ.

(1) $x^2 + y^2 \leqq 9$　　　(2) $(x+1)^2 + y^2 > 1$　　　(3) $x^2 - 2x + y^2 - 2y \leqq 0$

(4) $\dfrac{x^2}{9} + \dfrac{y^2}{4} < 1$　　(5) $(x+2)^2 + \dfrac{y^2}{2} \geqq 1$　　(6) $x^2 + 9y^2 - 9 < 0$

(7) $y \leqq x^2$　　　　　　(8) $x > y^2$

Q18.4　次の連立不等式の表す領域を図示せよ.

(1) $\begin{cases} 3x + 2y < 7 \\ x + 3y < 7 \end{cases}$　　　　　　(2) $\begin{cases} x^2 + y^2 < 4 \\ x + y - 1 > 0 \end{cases}$

(3) $\begin{cases} y \geqq x^2 \\ x^2 + y^2 \leqq 1 \end{cases}$　　　　　　(4) $\begin{cases} \dfrac{x^2}{4} + y^2 < 1 \\ x > 0 \end{cases}$

Q18.5　点 (x, y) が連立不等式 $x \geqq 0,\ y \geqq 0,\ 5x + 2y \leqq 10,\ 3x + 4y \leqq 12$ の表す領域の点であるとき, 次の式の最大値を求めよ.

(1) $4x + 3y$　　　　　　(2) $5x + y$　　　　　　(3) $2x + 3y$

B

Q18.6　次の図の灰色の部分の領域はどのような不等式で表されるか.

→ まとめ 18.1〜18.3

(1)
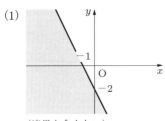
（境界を含まない）

(2)
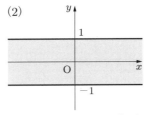
（境界を含む）

(3)
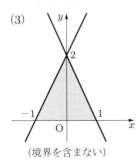
（境界を含まない）

(4)
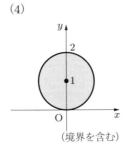
（境界を含む）

(5)
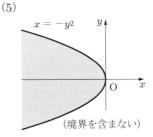
（境界を含まない）

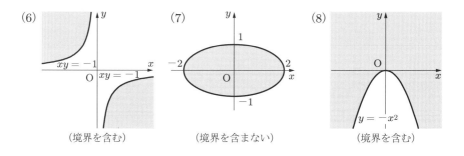

(6)　$xy = -1$　（境界を含む）　　(7)　（境界を含まない）　　(8)　$y = -x^2$　（境界を含む）

Q18.7　次の不等式の表す領域を図示せよ.　　　　　　　　　→ Q18.1〜18.4

(1) $(x + 2y + 3)(x - y) > 0$　　　　(2) $x \geqq 1$ または $y \geqq 1$

(3) $xy < 1$　　　　　　　　　　　　(4) $(x - y)(x^2 + y^2 - 4) > 0$

(5) $x^2 + 2xy < 0$　　　　　　　　　(6) $2x^2 + xy - y^2 - 5x + y + 2 < 0$

Q18.8　$a > 0$, O$(0,0)$, A$(a,0)$ のとき, 不等式 OP $< \dfrac{1}{2}$AP を満たす点 P が存在する領域を求めよ.　　　　　　　　　　　　　　　　　　　　→ Q18.3

Q18.9　関数 $y = x^2 + 2ax + b$ が x 軸と異なる 2 点で交わるような点 (a, b) の存在範囲を図示せよ.　　　　　　　　　　　　→ **まとめ** 4.2　Q18.3

Q18.10　O$(0,0)$ とする. 点 P が直線 $y = -2$ 上を動くとき, 線分 OP の垂直 2 等分線上の点が通りうる領域を図示せよ.　　　　　　→ **まとめ** 4.2　Q18.3

Q18.11　点 (x, y) が不等式 $x^2 + y^2 \leqq 4$ の表す領域の点であるとき, 次の式がとりうる値の範囲を求めよ.　　　　　　　　　　→ **まとめ** 4.2　Q18.5

(1) $2x + y$　　　　　　　　　　　　(2) xy

Q18.12　円 $x^2 + y^2 = a^2$ $(a > 0)$ と直線 $y = x + b$ が共有点をもたないような点 (a, b) の存在範囲を図示せよ.　　　　　→ **まとめ** 4.2　Q18.4, 18.7

個数の処理

19 　場合の数

まとめ

19.1 **和の法則**　2つのことがら A, B が同時に起こることはなく，A の場合の数が m 通り，B の場合の数が n 通りであるとき，A または B が起こる場合の数は $m+n$ 通りである.

19.2 **積の法則**　2つのことがら A, B があって，A の場合の数が m 通りであり，そのおのおのの場合について，B の場合の数が n 通りずつあるとき，A に引き続いて B が起こる場合の数は mn 通りである.

19.3 **順列の総数**　n 個の異なるものの中から r 個選んで1列に並べる順列の総数は

$$\mathrm{P}_r = \overbrace{n(n-1)(n-2)\cdots(n-r+1)}^{r\,個}$$

19.4 **順列と階乗**　n 個の異なるものすべてを1列に並べる順列の総数は

$$_n\mathrm{P}_n = n! = n(n-1)(n-2)\cdots 2\cdot 1$$

であり，これを n の**階乗**という．また，$_n\mathrm{P}_r = \dfrac{n!}{(n-r)!}$ であり，$0! = 1$, $_n\mathrm{P}_0 = 1$ と定める.

19.5 **円順列の総数**　n 個の異なるものを円形に並べる順列の総数は

$$\frac{n!}{n} = (n-1)!$$

19.6 **重複順列の総数**　n 個の異なるものから，重複を許して r 個を選んで1列に並べる順列の総数は

$$n^r$$

19.7 **組合せの総数**　n 個の異なるものから r 個を選ぶ組合せの総数は

$$
{}_n\mathrm{C}_r = \frac{{}_n\mathrm{P}_r}{r!} = \frac{n(n-1)\cdots(n-r+1)}{r(r-1)\cdots 1}
$$

19.8 **組合せと階乗**

$$
{}_n\mathrm{C}_r = \frac{n!}{r!(n-r)!}, \quad {}_n\mathrm{C}_0 = {}_n\mathrm{C}_n = 1
$$

19.9 **同じ種類のものを含む場合の並べ方の総数**　n 個のものの中に，同じもの
が p 個，q 個，$\ldots$，r 個ずつあるとき，これらを 1 列に並べる順列の総数は

$$
\frac{n!}{p! \cdot q! \cdot \cdots \cdot r!} \quad (\text{ただし，} p+q+\cdots+r = n)
$$

19.10 **組合せの性質**　任意の自然数 n について，次の式が成り立つ.

(1) ${}_n\mathrm{C}_{n-r} = {}_n\mathrm{C}_r$　　$(0 \leqq r \leqq n)$

(2) ${}_{n-1}\mathrm{C}_{r-1} + {}_{n-1}\mathrm{C}_r = {}_n\mathrm{C}_r$　　$(1 \leqq r \leqq n-1)$

19.11 **二項定理**　自然数 n に対して，次の展開式が成り立つ.

$$
(a+b)^n = {}_n\mathrm{C}_0\, a^n + {}_n\mathrm{C}_1\, a^{n-1}b + {}_n\mathrm{C}_2\, a^{n-2}b^2 + \cdots + {}_n\mathrm{C}_r a^{n-r}b^r + \cdots + {}_n\mathrm{C}_n\, b^n
$$

A

Q19.1　A 地点から B 地点へ行く道が 4 本あり，B 地点から C 地点へ行く道が 3 本
あるとき，A 地点から B 地点を経由して C 地点へ行く道は全部で何通りあるか.

Q19.2　大小 2 つのさいころを投げるとき，次のような目の出方の場合の数を求めよ.

(1) すべての目の出方　　　　　(2) 出た目の和が 5 以下

(3) 出た目の積が 20 以上　　　(4) 出た目の積が奇数

Q19.3　次の自然数の約数はいくつあるか.

(1) 360　　　　　　　　(2) 672　　　　　　　　(3) 2310

Q19.4　3 桁の自然数のうち，百の位が奇数，十の位が偶数，一の位が 4 の倍数であ
るものは全部でいくつあるか.

Q19.5　ある数学の先生は，ジャケットを 3 着，ネクタイを 4 本，ズボンを 4 本もっ
ている．これらのジャケット，ネクタイ，ズボンを合わせるとき，コーディネー
トは全部で何通りあるか.

Q19.6 次の順列の総数を求めよ. ただし, n は自然数である.

(1) $_8\mathrm{P}_2$ (2) $_7\mathrm{P}_3$ (3) $_9\mathrm{P}_4$

(4) $_6\mathrm{P}_6$ (5) $_n\mathrm{P}_2$ $(n \geq 2)$ (6) $_n\mathrm{P}_{n-3}$ $(n \geq 4)$

Q19.7 あるバレーボール部の部員 12 名の中から, キャプテン・副キャプテン・マネージャの 3 名を選ぶ選び方は何通りあるか.

Q19.8 次の数を求めよ.

(1) $5!$ (2) $5 \cdot 6!$ (3) $\dfrac{7!}{4!}$

Q19.9 $0, 1, 2, 3, 4, 5$ の 6 個の数字を 1 度だけ使って 3 桁の数を作る. このとき, 次の問いに答えよ.

(1) 全部でいくつの数ができるか. (2) 奇数はいくつできるか.

Q19.10 6 人家族が丸いテーブルに座るとき, 座り方は何通りあるか.

Q19.11 5 人で 1 回じゃんけんをするとき, グー・チョキ・パーの手の出し方は何通りあるか.

Q19.12 次の組合せの総数を求めよ. ただし, n は自然数である.

(1) $_8\mathrm{C}_2$ (2) $_7\mathrm{C}_3$ (3) $_6\mathrm{C}_6$

(4) $_5\mathrm{C}_0$ (5) $_n\mathrm{C}_2$ $(n \geq 2)$ (6) $_n\mathrm{C}_{n-3}$ $(n \geq 3)$

Q19.13 9 人の学生から 3 人の代表を選ぶ選び方は何通りあるか.

Q19.14 男子 5 名, 女子 3 名が 1 列に並ぶとき, 性別による並び方の総数を求めよ. ただし, 男子と女子の個々人の区別はしないものとする.

Q19.15 赤玉 3 個, 白玉 3 個, 青玉 2 個を 1 列に並べる並べ方は何通りあるか.

Q19.16 10 名の理事の中から副会長 2 名を選出する. このとき, 次の問いに答えよ.
(1) 副会長の選び方は全部で何通りあるか.
(2) A さんが副会長に選ばれる場合と選ばれない場合について, それぞれ何通りあるか.

Q19.17 次の式の展開式において ( ) 内の項の係数を求めよ.

(1) $(2x + 3)^5$ (x^3) (2) $\left(x + \dfrac{2}{x}\right)^8$ (x^4)

(3) $\left(x^2 - \dfrac{1}{x}\right)^6$ （定数項） (4) $\left(2x^2 - \dfrac{1}{x^3}\right)^7$ $\left(\dfrac{1}{x}\right)$

Q19.18 パスカルの三角形を利用して $(a + b)^5$ の展開式を書け.

━━ ■ ━━ B ━━━━━━━━━━━━━━━━━━━━

Q19.19 0, 1, 2, 3, 4, 5, 6 の 7 つの異なる数字を使って 4 桁の整数を作る．次のような整数は何通りあるか．　　　　　　　　　　　　　→ Q19.6, 19.7

(1) すべての整数　　(2) 千の位が奇数　　(3) 偶数　　(4) 5 の倍数

Q19.20 k, o, s, e, n の 5 つの文字を並べて文字列を作る．次のような文字列は何通りあるか．　　　　　　　　　　　　　　　　　→ Q19.7

(1) すべての文字列　　　　　　　(2) 母音が両端にくる

(3) 母音が隣り合う　　　　　　　(4) 子音が両端にくる

Q19.21 1 から 6 までの番号が書かれたボールを円形に並べる．次のような並べ方は何通りあるか．　　　　　　　　　　　　　　→ Q19.10

(1) 奇数・偶数を交互に並べる　　　　　　(2) 1 と 2 が隣り合う

(3) 1 と 2，3 と 4，5 と 6 がそれぞれ隣り合う

Q19.22 次の問いに答えよ．　　　　　　　　　　　　→ Q19.12, 19.13

(1) 7 人を 3 人，2 人，2 人の 3 つのグループに分ける分け方は何通りあるか．

(2) 9 人を 3 人ずつ 3 つのグループに分ける分け方は何通りあるか．

Q19.23 1 から 5 の番号がついた 5 つのボールを 3 組に分けるとき，次のような分け方は何通りあるか．　　　　　　　　　　　　　→ Q19.12, 19.13

(1) A, B, C の箱に入れる（空箱があってもよい）．

(2) A, B, C の箱に入れる（空箱があってはいけない）．

(3) 箱に区別をつけず分ける．

Q19.24 a, a, a, b, b, c, d の 7 文字から 4 文字を取り出して並べる順列の総数を求めよ．　　　　　　　　　　　　　　　　　→ Q19.15

Q19.25 図のような道路で，S から G まで行く最短経路のうち，次の場合は何通りあるか．　　　　　　　　　　　　　　　　→ Q19.1, 19.15

(1) すべての経路

(2) A と B の両方を通る経路

(3) C を通らない経路

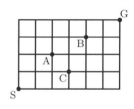

Q19.26 方程式 $x + y + z + w = 10 \cdots (*)$ について，次の問いに答えよ.

→ Q19.12, 19.18

(1) 方程式の解で，x, y, z, w がすべて 0 以上の整数であるものは，全部で何通りあるか.

(2) 方程式の解で，x, y, z, w がすべて 2 以上の整数であるものは，全部で何通りあるか.

Q19.27 次の等式を証明せよ.

→ まとめ 19.11

(1) $_nC_0 + {}_nC_1 + {}_nC_2 + \cdots + {}_nC_n = 2^n$

(2) n が奇数のとき，$_nC_1 + {}_nC_3 + {}_nC_5 + \cdots + {}_nC_n = 2^{n-1}$

(3) n が偶数のとき，$_nC_0 + {}_nC_2 + {}_nC_4 + \cdots + {}_nC_n = 2^{n-1}$

Q19.28 $(1+x)^{2n} = \{(1+x)^n\}^2$ を利用して，次の等式を証明せよ.

→ まとめ 19.11

$$_nC_0{}^2 + {}_nC_1{}^2 + {}_nC_2{}^2 + \cdots + {}_nC_n{}^2 = \frac{(2n)!}{n!n!}$$

Q19.29 11^{10} を 100 で割った余りを求めよ.

→ まとめ 19.11

 C

Q19.30 同じ色の玉が n 個あって，これを k 人で分ける $(n > k)$. すべての人が 1 個以上の玉を受け取るような分け方は何通りあるか.　　(類題：豊橋技術科学大学)

Q19.31 $\left(3x^2 + \dfrac{1}{x}\right)^7$ の展開式において，x^2 の係数を求めよ.　　(類題：福井大学)

A

確　率

まとめ

U を全体集合とする.

A.1 有限集合の要素の個数
(1) 和集合の要素の個数　$n(A \cup B) = n(A) + n(B) - n(A \cap B)$
(2) 補集合の要素の個数　$n(\overline{A}) = n(U) - n(A)$

A.2 試行と事象　さいころを投げて出た目を調べる，といった実験や観察を**試行**という．試行の結果として起こることがらを**事象**といい，起こりうるすべての結果からなる事象を**全事象**という．事象は集合を用いて表すことができる．とくに，1 つの要素からなる事象を**根元事象**といい，要素をもたない事象を**空事象**という．空事象は空集合 $\varnothing$ で表す.

A.3 確率　試行において，事象 A の起こりやすさを 0 から 1 までの数値で表したものを，事象 A が起こる**確率**といい，$P(A)$ と表す．とくに，$P(U) = 1$，$P(\varnothing) = 0$ と定める.

すべての根元事象が同じ程度に起こることが期待される場合は，これらの根元事象は**同様に確からしい**という．U の根元事象がすべて同様に確からしいとき，事象 A が起こる確率を次のように定める.

$$P(A) = \frac{n(A)}{n(U)} = \frac{\text{事象 } A \text{ が起こる場合の数}}{\text{起こりうるすべての場合の数}}$$

A.4 排反事象の確率　1 つの試行において，事象 A, B が同時には起こらないとき，A, B は互いに**排反**であるという．このとき，A または B が起こる確率 $P(A \cup B)$ について，次の式が成り立つ.

$$P(A \cup B) = P(A) + P(B)$$

A.5 余事象の確率　$P(\overline{A}) = 1 - P(A)$

A.6 反復試行　試行の結果が次の試行の結果に影響を与えない試行のことを，**独立試行**といい，独立試行を繰り返すことを**反復試行**という.

A.7 反復試行の確率 1回の試行で事象 A が起こる確率を p であるとする. n 回の反復試行において事象 A がちょうど k 回起こる確率は, 次のようになる.

$$_n\mathrm{C}_k p^k (1-p)^{n-k} \quad (0 \leq k \leq n)$$

A.8 乗法定理 事象 A, B に対して, 事象 A が起こったときに事象 B が起こる確率を $P_A(B)$ と表す. このとき, A に引き続いて B が起こる確率 $P(A \cap B)$ について, 次の式が成り立つ.

$$P(A \cap B) = P(A)P_A(B) \quad (ただし, P(A) \neq 0, P(B) \neq 0)$$

A.9 確率変数 変数 X のとりうる値が $x_1, x_2, \ldots, x_n$ であり, X がこれらの値をとる事象の確率がそれぞれ

$$p_1, p_2, \ldots, p_n \quad (ただし, p_1 + p_2 + \cdots + p_n = 1)$$

と定まっているとき, 変数 X を**確率変数**という. X の値とその確率との対応関係を**確率分布**といい, 確率分布を表にしたものを**確率分布表**という.

A.10 期待値 確率変数 X の確率分布が

X	x_1	x_2	x_3	$\cdots$	x_n	計
P	p_1	p_2	p_3	$\cdots$	p_n	1

であるとき, 確率変数 X の**期待値** $E(X)$ を, 次のように定める.

$$E(X) = x_1 p_1 + x_2 p_2 + \cdots + x_n p_n$$

A

Q-A.1 全体集合 U を 100 以下の自然数の集合として, $A = \{x \in U \mid x は 5 の倍数\}$, $B = \{x \in U \mid x は 2 の倍数\}$ とする. このとき, 次の集合の要素の個数を求めよ.

(1) $A \cap B$ 　　　　(2) $A \cup B$ 　　　　(3) $\overline{A \cup B}$

Q-A.2 学生数 40 人のクラスで国内外の旅行経験を調査したところ, 海外旅行の経験者は 8 名, 500 km 以上離れた地域への国内旅行の経験者は 22 名, 両方の旅行経験者は 5 名であった. このクラスで, 次に該当する学生の人数を求めよ.

(1) 海外旅行を経験していない学生

(2) 海外旅行か 500 km 以上の国内旅行を経験した学生

(3) 海外旅行も 500 km 以上の国内旅行も未経験の学生

Q-A.3 月曜日から水曜日までの 3 日間で朝食をとったかどうかを調べる試行において，次の事象を求めよ．ただし，とったときは○，とらないときは×で表す．

(1) 全事象 U (2) 月曜日は朝食をとる事象 A

(3) 朝食をとらなかった日が 1 日以上の事象 B

Q-A.4 大小 2 つのさいころを投げるとき，次の確率を求めよ．

(1) 出る目の和が 10 になる確率   (2) 出る目の和が 10 以上になる確率

(3) 出る目の積が 12 になる確率   (4) 出る目の積が 12 以上になる確率

Q-A.5 赤玉 4 個と白玉 5 個が入っている袋から，同時に 4 個の玉を取り出すとき，次の確率を求めよ．

(1) 赤玉 2 個，白玉 2 個の確率   (2) すべて赤玉の確率

(3) すべて白玉の確率   (4) 4 個とも同じ色である確率

(5) 2 色の玉を含む確率   (6) 少なくとも 1 つは赤玉の確率

Q-A.6 10 枚の硬貨を同時に投げるとき，次の確率を求めよ．

(1) 4 枚だけ表が出る確率   (2) 少なくとも 2 枚は裏が出る確率

Q-A.7 40 人のクラスの中で，男子学生が 24 人で，そのうち寮生は 8 人である．また，女子学生で寮生は 6 人である．このクラスから 1 人の学生を選ぶとき，次の確率を求めよ．

(1) 選ばれた学生が寮生である確率

(2) 選ばれた学生が女子の寮生である確率

(3) 選ばれた学生が女子であるとき，その学生が寮生である確率

(4) 選ばれた学生が寮生であるとき，その学生が女子である確率

Q-A.8 じゃんけんを 3 回するとき，勝つ回数を X とする．確率変数 X の確率分布表を作り，期待値を求めよ．ただし，あいこも回数に数えるものとする．

B

Q-A.9 3 個のさいころを同時に投げるとき，次の確率を求めよ． → Q-A.4

(1) 出る目の和が 15 以上になる確率

(2) 出る目の最大値が 5 以上になる確率

(3) 出る目がすべて異なる確率

(4) 出る目の積が偶数になる確率

Q-A.10 A の袋には白玉 5 個と赤玉 3 個，B の袋には白玉 2 個と赤玉 6 個が入っている．A, B の袋から同時に 1 個ずつ玉を取り出すとき，次の確率を求めよ． → Q-A.5

(1) A から白玉，B から赤玉が出る確率　　(2) 2 個の玉の色が同じである確率

(3) 少なくとも 1 個が赤玉である確率

Q-A.11 A さんと B さんが，それぞれ 1, 2, 3 の数字が書かれた 3 枚のカードをもっている．2 人が無作為にカードを選んで同時に出し，数字が大きいほうを勝ちとするゲームを 3 回繰り返すとき，次の確率を求めよ．ただし，出したカードは再び戻すこととする． → Q-A.6

(1) 1 回のゲームで A さんが勝つ確率　　(2) A さんが全勝する確率

(3) A さんが 2 勝する確率

Q-A.12 1 から 20 までの数字から，異なる 4 つの数字を選ぶ宝くじがある．当選発表日に当選番号の 4 つの数字が確定し，当たりは

（ⅰ）4 つの数字がすべて当選番号と一致していれば 1 等

（ⅱ）4 つのうち 3 つの数字が当選番号と一致していれば 2 等

（ⅲ）4 つのうち 2 つの数字が当選番号と一致していれば 3 等

である．この宝くじを 1 口購入するとき，1 等，2 等，3 等となる確率をそれぞれ求めよ． → まとめ 19.7

Q-A.13 1, 2, 3, 4, 5 の 5 つの数字から，重複を許して 4 つの数字を並べてできる 4 桁の整数を選ぶ宝くじがある．当選発表日に当選番号の 4 桁の整数が確定し，当たりは

（ⅰ）4 桁の整数のすべての桁の数が当選番号と一致すれば 1 等

（ⅱ）4 桁の整数のうち 3 桁の数字が場所も含め当選番号と一致していれば 2 等

（ⅲ）4 桁の整数のうち 2 桁の数字が場所も含め当選番号と一致していれば 3 等

である．この宝くじを 1 口購入するとき，1 等，2 等，3 等となる確率をそれぞれ求めよ． → まとめ 19.7

解 答

第1章 数と式の計算

第1節 数とその計算

1.1 (1) 方程式　(2) 恒等式　(3) 恒等式
(4) 方程式

1.2 (1) $x = -\dfrac{y}{3} + \dfrac{5}{3}$　(2) $a = 2c - b$

(3) $y = \dfrac{2x}{x-1}$　(4) $x = \dfrac{1}{y+3}$

1.3 (1) $x > -3$　(2) $x \leqq -2$

(3) $x > 3$　(4) $x \leqq 4$

(5) $x < 12$　(6) $x > -5$

1.4 (1) $-8 < x < 6$　(2) $x > 4$

(3) $4 \leqq x < \dfrac{11}{2}$　(4) $x \geqq 3$

1.5 (1) 2.96　(2) $1.\dot{6}$　(3) $0.1\dot{8}$　(4) $0.\dot{1}0\dot{8}$

1.6 (1) $\dfrac{15}{8}$　(2) $\dfrac{1}{9}$　(3) $\dfrac{3}{11}$　(4) $\dfrac{5}{37}$

1.7 (1) 5　(2) 3　(3) -1　(4) $\pi - 2$
(5) $\sqrt{3} - 1$　(6) $2\sqrt{5} - 3$

1.8 (1) 11　(2) 9　(3) 3　(4) 16
(5) $6 - \sqrt{3}$　(6) $3 - 2\sqrt{2}$

1.9 (1) ± 10　(2) ± 3　(3) 10
(4) -3　(5) -4　(6) 4

1.10 (1) $6\sqrt{2}$　(2) 12　(3) $\dfrac{2}{3}$　(4) 6
(5) $3\sqrt{3}$　(6) $8 - 4\sqrt{3}$　(7) 2
(8) $12 - 7\sqrt{2}$

1.11 (1) $\dfrac{\sqrt{6}}{3}$　(2) $3 + 2\sqrt{2}$
(3) $6 + \sqrt{35}$　(4) $4 + \sqrt{3}$

1.12 (1) 4.472　(2) 3.732　(3) 3.968
(4) 0.268

1.13 (1) 実部 1, 虚部 $-\sqrt{2}$

(2) 実部 0, 虚部 -1

(3) 実部 0, 虚部 3

(4) 実部 2, 虚部 0

(5) 実部 $\dfrac{2}{3}$, 虚部 $\dfrac{7}{3}$

(6) 実部 $\dfrac{1}{3}$, 虚部 $-\dfrac{\sqrt{5}}{2}$

実数は (4), 純虚数は (2), (3)

1.14 (1) $3 - i$　(2) $-4 + 13i$　(3) $8 + i$
(4) $-8 - 8i$　(5) $-11 + 3i$

1.15 (1) $x = 1, y = 5$　(2) $x = 5, y = 2$

1.16 (1) $1 + i$　(2) $\dfrac{4}{25} + \dfrac{3}{25}i$
(3) $4 - 5i$　(4) i　(5) $2 - i$　(6) $\dfrac{4}{13}$

1.17 (1) -10　(2) -12　(3) $-3i$　(4) $-\dfrac{i}{2}$

1.18 (1) 分母を払って, $(1+x)y = 1 - x$
次に, x を含む項を左辺に集めて整理すると,
$(y+1)x = 1 - y$
よって, $x = \dfrac{1-y}{1+y}$

(2) a を移項して, 両辺を 2 乗すると,
$(c-a)^2 = a^2 + b$
展開して b について解けば, $b = c^2 - 2ac$

(3) 右辺を通分して, 両辺の逆数をとれば,
$z = \dfrac{xy}{x+y}$

(4) c を含む項を左辺に, それ以外を右辺にして整理すれば, $(a+b)c = \dfrac{S}{2} - ab$

右辺を通分して, 両辺を $(a+b)$ で割って,
$c = \dfrac{S - 2ab}{2(a+b)}$

1.19 (1) $a < b$ かつ $c > 0$ より $ac < bc \cdots$ ①
$c < d$ かつ $b > 0$ より $bc < bd \cdots$ ②

①, ② より $ac < bc < bd$ なので, $ac < bd$
(2) $a < b$ より $a - c < b - c \cdots$ ①
$c < d$ より $c - a < d - a$
両辺に (-1) をかけると

$a - c > a - d \cdots$ ②

①，② より $a - d < a - c < b - c$ なので，
$a - d < b - c$

1.20 (1) $10a - a$ を計算すると，$a = \dfrac{2}{15}$

(2) $100b - b$ を計算すると，$b = \dfrac{19}{55}$

1.21 (1) $xS = x + x^2 + x^3 + \cdots + x^n$ なので，$S - xS$ を計算すると，

$$
\begin{aligned}
S - xS &= (1 + x + x^2 + \cdots + x^{n-1}) \\
&\quad - (x + x^2 + x^3 + \cdots + x^n) \\
&= 1 - x^n
\end{aligned}
$$

よって，$(1 - x)S = 1 - x^n$

(2) (1) より $0.5S = 1 - 0.5^{10} = \dfrac{1023}{1024}$

よって，$S = \dfrac{1023}{512}$

1.22 (1) 絶対値記号の中の式に注意して，$|x - 1|$ のほうは $x - 1 \geqq 0$ と $x - 1 < 0$ の場合に，$|x|$ のほうは $x \geqq 0$ と $x < 0$ の場合に分かれるが，これは $x < 0, 0 \leqq x < 1$，$x \geqq 1$ の 3 つにまとめられる．

(i) $x < 0$ のとき，$-(x - 1) - 2x = 3$ より $x = -\dfrac{2}{3}$ となり，これは $x < 0$ を満たす．

(ii) $0 \leqq x < 1$ のとき，$-(x - 1) + 2x = 3$ より $x = 2$ となるが，これは $0 \leqq x < 1$ を満たさない．

(iii) $x \geqq 1$ のとき，$(x - 1) + 2x = 3$ より $x = \dfrac{4}{3}$ となり，これは $x \geqq 1$ を満たす．

よって，求める解は $x = -\dfrac{2}{3}, \dfrac{4}{3}$

(2) $|1 - x| > 3$ より $1 - x < -3, 3 < 1 - x$
よって，$x < -2, 4 < x$

1.23 (1) $\dfrac{1}{2 + \sqrt{3}} + \dfrac{1}{2 + \sqrt{5}}$

$= \dfrac{2 - \sqrt{3}}{4 - 3} + \dfrac{2 - \sqrt{5}}{4 - 5} = \sqrt{5} - \sqrt{3}$

(2) $\dfrac{\sqrt{7} + \sqrt{3}}{\sqrt{7} - \sqrt{3}} + \dfrac{\sqrt{7} - \sqrt{3}}{\sqrt{7} + \sqrt{3}}$

$= \dfrac{\left(\sqrt{7} + \sqrt{3}\right)^2}{7 - 3} + \dfrac{\left(\sqrt{7} - \sqrt{3}\right)^2}{7 - 3} = 5$

(3) $\dfrac{\sqrt{2} - 2\sqrt{3}}{2\sqrt{2} + \sqrt{3}} + \dfrac{3\sqrt{2} + \sqrt{3}}{3\sqrt{2} - 2\sqrt{3}}$

$= \dfrac{\left(\sqrt{2} - 2\sqrt{3}\right)\left(2\sqrt{2} - \sqrt{3}\right)}{8 - 3}$

$\quad + \dfrac{\left(3\sqrt{2} + \sqrt{3}\right)\left(3\sqrt{2} + 2\sqrt{3}\right)}{18 - 12}$

$= \dfrac{10 - 5\sqrt{6}}{5} + \dfrac{24 + 9\sqrt{6}}{6} = \dfrac{12 + \sqrt{6}}{2}$

1.24 (1) $\dfrac{1}{1 + \sqrt{5} + \sqrt{6}}$

$= \dfrac{1 + \sqrt{5} - \sqrt{6}}{\left\{\left(1 + \sqrt{5}\right) + \sqrt{6}\right\}\left\{\left(1 + \sqrt{5}\right) - \sqrt{6}\right\}}$

$= \dfrac{1 + \sqrt{5} - \sqrt{6}}{\left(1 + \sqrt{5}\right)^2 - 6} = \dfrac{1 + \sqrt{5} - \sqrt{6}}{2\sqrt{5}}$

$= \dfrac{5 + \sqrt{5} - \sqrt{30}}{10}$

(2) $\dfrac{1}{\sqrt{2} + \sqrt{5} + \sqrt{7}} = \dfrac{\sqrt{2} + \sqrt{5} - \sqrt{7}}{\left(\sqrt{2} + \sqrt{5}\right)^2 - 7}$

$= \dfrac{\sqrt{2} + \sqrt{5} - \sqrt{7}}{2\sqrt{10}} = \dfrac{2\sqrt{5} + 5\sqrt{2} - \sqrt{70}}{20}$

(3) $\dfrac{\sqrt{a} + 1}{\sqrt{a} - 1} = \dfrac{\left(\sqrt{a} + 1\right)^2}{\left(\sqrt{a} - 1\right)\left(\sqrt{a} + 1\right)}$

$= \dfrac{a + 2\sqrt{a} + 1}{a - 1}$

(4) $\dfrac{\sqrt{a + 2} + \sqrt{a}}{\sqrt{a + 2} - \sqrt{a}} = \dfrac{\left(\sqrt{a + 2} + \sqrt{a}\right)^2}{a + 2 - a}$

$= a + 1 + \sqrt{a(a + 2)}$

1.25 (1) $\sqrt{6 + 2\sqrt{5}} = \sqrt{5 + 1 + 2\sqrt{5 \cdot 1}}$
$= \sqrt{5} + 1$

(2) $\sqrt{7 - 4\sqrt{3}} = \sqrt{7 - 2\sqrt{12}}$

$= \sqrt{4 + 3 - 2\sqrt{4 \cdot 3}}$

$= 2 - \sqrt{3}$

(3) $\sqrt{2 + \sqrt{3}} = \sqrt{\dfrac{4 + 2\sqrt{3}}{2}}$

$= \dfrac{\sqrt{3 + 1 + 2\sqrt{3 \cdot 1}}}{\sqrt{2}}$

$= \dfrac{\sqrt{3} + 1}{\sqrt{2}} = \dfrac{\sqrt{6} + \sqrt{2}}{2}$

(4) $\sqrt{\alpha + 1 - 2\sqrt{\alpha}} = \sqrt{1 + \alpha - 2\sqrt{1 \cdot \alpha}}$
$= 1 - \sqrt{\alpha}$

1.26 (1) $\overline{2 + 3i + 3 - i} = \overline{5 + 2i} = 5 - 2i$

(2) $\overline{(2 + 3i)(3 - i)} = \overline{6 + 9i - 2i - 3i^2}$
$= \overline{9 + 7i} = 9 - 7i$

(3) $2 + 3i - (\overline{3 - i}) = 2 + 3i - (3 + i) = -1 + 2i$

(4) $\overline{3 - i - (\overline{2 + 3i})} = \overline{3 - i - (2 - 3i)}$
$= \overline{1 + 2i} = 1 - 2i$

1.27 (1) 一般に $(a+b)^3 = a^3 + 3a^2b + 3ab^2 + b^3$ となるので，

$$(1+i)^3 = 1 + 3i + 3i^2 + i^3 = -2 + 2i$$

(2) $i^{73} = i^{72} \cdot i = \left(i^4\right)^{18} i = 1^{18} \cdot i = i$
となる．

$$i^{73} + i^{74} + i^{75} + i^{76} = i + i^2 + i^3 + i^4$$
$$= i - 1 - i + 1 = 0$$

(3) $(1+i)(1-i)(2+i)(2-i)$
$= (1 - i^2)(4 - i^2) = 2 \cdot 5 = 10$

(4) $(1+2i)(2+3i)(3+i) = (-4+7i)(3+i)$
$= -19 + 17i$

(5) $\dfrac{3+i}{2-i} + \dfrac{2-3i}{3+i} = \dfrac{5+5i}{5} + \dfrac{3-11i}{10}$
$= \dfrac{13}{10} - \dfrac{1}{10}i$

(6) $\dfrac{3-4i}{3+4i} + \dfrac{3+4i}{3-4i}$
$= \dfrac{-7-24i}{25} + \dfrac{-7+24i}{25} = -\dfrac{14}{25}$

1.28 (1) $(6x - 2y) + (-10x + 3y)i = 4 - 9i$
となり，x, y は実数なので

$$\begin{cases} 6x - 2y = 4 \\ -10x + 3y = -9 \end{cases}$$

したがって，$x = 3,\ y = 7$

(2) $(x + 3y) + (2x - y)i = 8 - 5i$ となり，x, y は実数なので

$$\begin{cases} x + 3y = 8 \\ 2x - y = -5 \end{cases}$$

したがって，$x = -1,\ y = 3$

1.29 (1) $\left(\dfrac{i}{1+i} + \dfrac{1+i}{i}\right)^2$

$= \left\{\dfrac{i(1-i)}{(1+i)(1-i)} + \dfrac{(1+i)i}{i^2}\right\}^2$

$= \left(\dfrac{i+1}{2} + 1 - i\right)^2 = \left(\dfrac{3}{2} - \dfrac{i}{2}\right)^2$

$= \dfrac{1}{4}(9 - 6i - 1) = 2 - \dfrac{3}{2}i$

したがって，$A = 2,\ B = -\dfrac{3}{2}$

(2) $\dfrac{1}{2 - 2i} + \dfrac{1}{3 + i} = \dfrac{2 + 2i}{8} + \dfrac{3 - i}{10}$

$= \dfrac{5 + 5i + 6 - 2i}{20} = \dfrac{11}{20} + \dfrac{3}{20}i$

したがって，$A = \dfrac{11}{20},\ B = \dfrac{3}{20}$

第 2 節　整式の計算

2.1 (1) 係数 2，5 次，
x に着目すると係数 $2y^2$，3 次

(2) 係数 $-\dfrac{2}{3}$，6 次，

x に着目すると係数 $-\dfrac{2}{3}a^3y^2$，1 次

(3) 係数 $\dfrac{1}{5}$，7 次，

x に着目すると係数 $\dfrac{pq^2}{5}$，4 次

2.2 (1) $(2a - 3)x^2 + (3a^2 - 1)x - (5a - 3)$，
定数項は $-(5a - 3)$

(2) $2x^2 - (3y - 5)x - (2y^2 - 2y + 5)$，
定数項は $-(2y^2 - 2y + 5)$

2.3 (1) $A + B = 2x^3 - x^2 + 3x - 2$，
$A - B = 4x^3 - 9x^2 + x + 4$

(2) $A + B = -3x^3 + 5x^2 + x + 5$，
$A - B = 5x^3 - x^2 + 5x + 3$

(3) $A + B = (a - 1)x^3 + ax^2 + (2a - 3)x + (7a + 1)$，
$A - B = (a + 1)x^3 - ax^2 + (2a + 3)x - (7a - 1)$

(4) $A + B = -(2a - 1)x^3 - (a + 2)x^2 + 8ax + (4a + 2)$，
$A - B = (2a + 1)x^3 + (a - 2)x^2 + 2ax + (4a - 2)$

2.4 (1) $-6x^7y^7$　　(2) $8a^3b^6$　　(3) $9x^4y^7$
(4) $-72s^7t^8$

2.5 (1) $3x^4 - 6x^3 + 9x^2$
(2) $3x^2y^2 + y^2(y - 2)x$
(3) $2x^4 - 4x^3 + 7x^2 - 5x + 2$
(4) $3x^2 + (8y - 5)x - (3y^2 - 5y + 2)$

2.6 (1) $x^2 + 4x + 4$　　(2) $9a^2 - 12ab + 4b^2$

(3) $4x^2 - 9$　　(4) $x^2 - 25y^2$

(5) $p^2 - 3p - 10$　　(6) $p^2 + 5pq + 6q^2$

(7) $6x^2 - 13x + 6$　　(8) $6m^2 + 11mn - 35n^2$

2.7　(1) $x^3 + 3x^2 + 3x + 1$

(2) $8a^3 - 12a^2b + 6ab^2 - b^3$

(3) $8t^3 + 36t^2 + 54t + 27$

(4) $\dfrac{x^3}{8} - \dfrac{3}{2}x^2y + 6xy^2 - 8y^3$

(5) $x^3 + 8$　　(6) $8p^3 - 27q^3$

(7) $8a^3 + 1$　　(8) $x^3 - 27y^3$

2.8　(1) $4a^2 + 4ab + b^2 - 4a - 2b + 1$

(2) $x^4 + 2x^3 + 5x^2 + 4x + 4$

(3) $a^2 + 2ab + b^2 - 2a - 2b - 3$

(4) $x^2 - 4xy + 4y^2 + 4x - 8y + 3$

(5) $x^4 + x^2 + 1$　　(6) $4x^2 - y^2 - 2y - 1$

2.9　(1) $x^2(x + 4)$　　(2) $4ax(3x^2 - 2a)$

(3) $(ax - 1)^3(ax - b - 1)$

(4) $y(x - y)(xy + 1)$

2.10　(1) $(a + 7b)(a - 7b)$

(2) $2(3x + 2)(3x - 2)$

(3) $(5x - 2y)^2$　　(4) $3(x + 3)^2$

(5) $(x - 1)(x - 3)$　　(6) $4(x + y)(x - 3y)$

2.11　(1) $(2x - 1)(x - 3)$　　(2) $(x + 1)(4x + 5)$

(3) $(3a - 4)(2a + 3)$　　(4) $(t - 4)(2t + 1)$

(5) $(3x + 2y)(x - 3y)$

(6) $(2a + 5b)(3a - 2b)$

(7) $(2xy + 3)(5xy + 3)$

(8) $(4p - 3q)(3p - 4q)$

2.12　(1) $(x + 2)(x^2 - 2x + 4)$

(2) $(5a - b)(25a^2 + 5ab + b^2)$

(3) $(4m - 3n)(16m^2 + 12mn + 9n^2)$

(4) $(3ax + 2)(9a^2x^2 - 6ax + 4)$

2.13　(1) $(x - 3y + 3)(x - 3y - 1)$

(2) $(a - b)(a - c)$　　(3) $(x - 3)(x + a + 1)$

(4) $x(x + 2)(x - 3)$

(5) $(x - 3)(x + 3)(x^2 + 9)$

(6) $(x + 2)(x - 2)(x + 5)(x - 5)$

(7) $(x - 1)(x + 1)^2$

(8) $(x - y)(x + y)(x^2 + xy + y^2)(x^2 - xy + y^2)$

(9) $(x - y + 2)(x + y - 5)$　　(10) $(x + y + 1)^2$

2.14　(1) $x^3 - 2xy^2 + y^3$

(2) $(z - x)y^2 + (x^2 - z^2)y - x^2z + z^2x$

(3) $(b + c)a^2 + (b^2 + 3bc + c^2)a + b^2c + bc^2$

(4) $(2a - 2c)b + 2a^2 + 2ac$

2.15　(1) 与式 $= x(x^4 + x^3 + x^2 + x + 1)$
$\qquad\qquad - (x^4 + x^3 + x^2 + x + 1)$
$\qquad = x^5 - 1$

(2) 与式 $= x^3 + y^3 + z^3 - 3xyz$

(3) 与式 $= (x^2 - 1)(x^2 + 1)(x^4 + 1)$
$\qquad = (x^4 - 1)(x^4 + 1) = x^8 - 1$

(4) 与式 $= \{(x + y)(x - y)\}^2$
$\qquad = (x^2 - y^2)^2 = x^4 - 2x^2y^2 + y^4$

(5) 与式 $= \{(x - 1)(x + 1)\}\{(x - 2)(x + 2)\}$
$\qquad = (x^2 - 1)(x^2 - 4) = x^4 - 5x^2 + 4$

(6) 与式 $= \{(x + 2)(x^2 - 2x + 4)\}$
$\qquad\qquad \cdot \{(x - 2)(x^2 + 2x + 4)\}$
$\qquad = (x^3 + 8)(x^3 - 8) = x^6 - 64$

(7) 与式 $= \{(x + 1)(x + 4)\}\{(x + 2)(x + 3)\}$
$\qquad = (x^2 + 5x + 4)(x^2 + 5x + 6)$
$\qquad = (x^2 + 5x)^2 + 10(x^2 + 5x) + 24$
$\qquad = x^4 + 10x^3 + 35x^2 + 50x + 24$

(8) 与式 $= \{(x + y)^2 - z^2\}\{(x - y)^2 - z^2\}$
$\qquad = \{x^2 + 2xy + y^2 - z^2\}$
$\qquad\qquad \cdot \{x^2 - 2xy + y^2 - z^2\}$
$\qquad = \{(x^2 + y^2 - z^2) + 2xy\}$
$\qquad\qquad \cdot \{(x^2 + y^2 - z^2) - 2xy\}$
$\qquad = (x^2 + y^2 - z^2)^2 - 4x^2y^2$
$\qquad = x^4 + y^4 + z^4 - 2x^2y^2$
$\qquad\qquad - 2y^2z^2 - 2z^2x^2$

(9) 与式 $= \{(x + 1)^2 - 1\}^2$
$\qquad = (x^2 + 2x)^2 = x^4 + 4x^3 + 4x^2$

(10) 与式 $= \{(x + 1) - 1\}^3 = x^3$

2.16　(1) $x^2 + 3xy + 2y^2 + 4x + 7y + 3$
$= x^2 + (3y + 4)x + (2y^2 + 7y + 3)$
$= x^2 + (3y + 4)x + (2y + 1)(y + 3)$
$= (x + 2y + 1)(x + y + 3)$

(2) $x^2 - y^2 + 4x - 6y - 5$
$= x^2 + 4x - (y^2 + 6y + 5)$
$= x^2 + 4x - (y + 1)(y + 5)$
$= (x + y + 5)(x - y - 1)$

(3) $2x^2 - xy - y^2 - 4x - 5y - 6$
$= 2x^2 - (y + 4)x - (y^2 + 5y + 6)$
$= 2x^2 - (y + 4)x - (y + 2)(y + 3)$
$= (2x + y + 2)(x - y - 3)$

(4) $6x^2 + 7xy - 3y^2 - x - 7y - 2$
$= 6x^2 + (7y - 1)x - (3y^2 + 7y + 2)$
$= 6x^2 + (7y - 1)x - (3y + 1)(y + 2)$
$= (2x + 3y + 1)(3x - y - 2)$

2.17 (1) $x^2 + x = t$ とおくと，
$(x^2 + x)^2 - 18(x^2 + x) + 72$
$= t^2 - 18t + 72$
$= (t - 12)(t - 6)$
$= (x^2 + x - 12)(x^2 + x - 6)$
$= (x + 4)(x - 3)(x + 3)(x - 2)$

(2) $x^2 + 3x = t$ とおくと，
$(x^2 + 3x)^2 - 3(x^2 + 3x) - 4$
$= t^2 - 3t - 4$
$= (t - 4)(t + 1)$
$= (x^2 + 3x - 4)(x^2 + 3x + 1)$
$= (x + 4)(x - 1)(x^2 + 3x + 1)$

(3) $x^4 + 3x^2 + 4$
$= (x^4 + 4x^2 + 4) - x^2$
$= (x^2 + 2)^2 - x^2$
$= (x^2 + 2 + x)(x^2 + 2 - x)$
$= (x^2 + x + 2)(x^2 - x + 2)$

(4) $x^4 + 4$
$= (x^4 + 4x^2 + 4) - 4x^2$
$= (x^2 + 2)^2 - 4x^2$
$= (x^2 + 2 + 2x)(x^2 + 2 - 2x)$
$= (x^2 + 2x + 2)(x^2 - 2x + 2)$

2.18 (1) 与式
$= a^2 + 2(b + c)a + (b^2 + 2bc + c^2)$
$= a^2 + 2(b + c)a + (b + c)^2$
$= (a + b + c)^2$

(2) 与式
$= (b + c)a^2 + (b^2 + 2bc + c^2)a + bc(b + c)$
$= (b + c)\left\{ a^2 + (b + c)a + bc \right\}$
$= (a + b)(b + c)(c + a)$

(3) 与式
$= (a + b)^3 - 3ab(a + b) + c^3 - 3abc$
$= (a + b + c)\{(a + b)^2 - (a + b)c + c^2\}$
$\quad - 3ab(a + b + c)$
$= (a + b + c)(a^2 + b^2 + c^2 - ab - bc - ca)$

(4) 与式

$= (b + c)\{(a + b + c)^2 + (a + b + c)a + a^2\}$
$\quad - (b + c)(b^2 - bc + c^2)$
$= (b + c)(a^2 + b^2 + c^2 + 2ab + 2bc + 2ca$
$\quad + a^2 + ba + ca + a^2)$
$\quad - (b + c)(b^2 - bc + c^2)$
$= (b + c)(3a^2 + 3ab + 3bc + 3ca)$
$= 3(b + c)\{a^2 + (b + c)a + bc\}$
$= 3(a + b)(b + c)(c + a)$

2.19 (1) $a^2(b - c) + b^2(c - a) + c^2(a - b)$
$= (b - c)a^2 - (b^2 - c^2)a + bc(b - c)$
$= (b - c)\{a^2 - (b + c)a + bc\}$
$= (b - c)(a - b)(a - c)$
$= -(a - b)(b - c)(c - a)$

(2) $9x^4 + 2x^2 y^2 + y^4$
$= (3x^2 + y^2)^2 - 4x^2 y^2$
$= (3x^2 + 2xy + y^2)(3x^2 - 2xy + y^2)$

(3) $a^3 + 2a^2 b - a^2 c + ab^2 - 2abc - b^2 c$
$= (a - c)b^2 + 2a(a - c)b + a^2(a - c)$
$= (a - c)(b^2 + 2ab + a^2)$
$= (a - c)(a + b)^2$

第 3 節　整式の除法

3.1 (1) $x^3 - 4x^2 + 3x + 4$
$= (x - 2)(x^2 - 2x - 1) + 2$
(2) $x^3 + 2x^2 + 4 = (x + 3)(x^2 - x + 3) - 5$
(3) $2u^3 + 5u^2 + u + 3$
$= (u^2 + 2u - 1)(2u + 1) + u + 4$
(4) $4a^3 + 3a + 1 = (2a - 1)(2a^2 + a + 2) + 3$

3.2 (1) 商 $2x^2 + x + 3$，余り 3
(2) 商 $x^2 - 5x + 12$，余り -27
(3) 商 $t^3 + 3t^2 + t + 3$，余り 12
(4) 商 $a^3 - a^2 + a - 1$，余り 2

3.3 (1) 13　　(2) -1　　(3) $\dfrac{7}{4}$　　(4) 0

3.4 (1) $P(3) = 8$　　(2) $P(-1) = 7$
(3) $P(-2) = -15$　　(4) $P(3) = 64$

3.5 (1) $(x - 1)(x + 2)(x - 3)$
(2) $(x + 1)(x - 2)(x - 3)$
(3) $(t - 3)(t + 3)(t + 5)$
(4) $(u - 1)(u - 3)(2u + 1)$

3.6 (1) $\dfrac{3b^3}{2a^3}$　　(2) $\dfrac{9x^2}{y}$　　(3) $\dfrac{1}{x - 1}$

(4) $\dfrac{x(x-1)(x+1)}{x+2}$

3.7 (1) $\dfrac{y^4}{5x^2}$　(2) $\dfrac{2b^5}{3a^3}$　(3) $\dfrac{2x+1}{x+1}$

(4) $\dfrac{t}{3t-1}$

3.8 (1) $\dfrac{3a+7}{a+2}$　(2) $\dfrac{3x+2y}{6x^2y^2}$

(3) $x+y$　(4) $\dfrac{x+5}{(x+2)(x+3)}$

(5) $\dfrac{2}{x^2-4}$　(6) $\dfrac{8}{(x-1)(x+3)}$

3.9 (1) $\dfrac{3}{8x^2}$　(2) $\dfrac{x+1}{x}$　(3) $\dfrac{xy+x}{xy-y}$

(4) $\dfrac{b^2-a^2}{b^2+a^2}$　(5) $\dfrac{x-1}{x}$　(6) $\dfrac{3}{2u-1}$

3.10 (1) $3+\dfrac{2}{x-3}$　(2) $3x-1-\dfrac{4}{x+5}$

(3) $4x+9+\dfrac{x-3}{x^2-2x+3}$

(4) $x-2+\dfrac{-x+2}{x^2+1}$

3.11 (1) 商 $\dfrac{1}{2}x+\dfrac{5}{4}$，余り $\dfrac{15}{4}$

(2) 商 $\dfrac{1}{2}x+\dfrac{1}{4}$，余り $\dfrac{3}{4}x+\dfrac{5}{2}$

(3) 商 $x+a+1$，余り $a+4$

(4) 商 $x-a+4$，余り a^2-4a-1

(5) 商 $x^6+x^5+x^4+x^3+x^2+x+1$，
余り 0

3.12 $(x-2)(x+3)$ は 2 次式であるから，余り
は 1 次式である．したがって，商を $Q(x)$ とす
れば，$P(x)=(x-2)(x+3)Q(x)+ax+b$ と
おくことができる．$P(2)=4, P(-3)=-21$
となるから $\begin{cases} 2a+b=4 \\ -3a+b=-21 \end{cases}$ が成り立つ．

これを解けば $a=5, b=-6$ となるから，余
りは $5x-6$ である．

3.13 (1) $x=\sqrt{3}-1$ のとき
$B(\sqrt{3}-1)=(\sqrt{3}-1)^2+2(\sqrt{3}-1)-2=0$
(2) 商 $x-5$，余り $17x-8$
(3) (2) より，$A(x)=B(x)\cdot(x-5)+17x-8$
となる．
(1) より $B(\sqrt{3}-1)=0$ であるから，

$A(\sqrt{3}-1)=17(\sqrt{3}-1)-8=17\sqrt{3}-25$

3.14 (1) $P(x)=x^2+ax+b$ とすると，

$P(1)=2, P(-4)=-3$ であることから

$$\begin{cases} 1+a+b=2 \\ 16-4a+b=-3 \end{cases}$$

これより，$a=4, b=-3$
(2) $P(x)=x^2+ax+3$ とする．$P(-1)=$
-2 より $1-a+3=-2$ なので，$a=6$
このとき，$(x^2+6x+3)\div(x+1)$ の商は
$x+5$ なので，$b=5$

3.15 (1) $\dfrac{1}{x+1}-\dfrac{2}{x+2}+\dfrac{1}{x+3}$

$=\dfrac{-x}{(x+1)(x+2)}+\dfrac{1}{x+3}$

$=\dfrac{2}{(x+1)(x+2)(x+3)}$

(2) $\dfrac{1}{x-1}-\dfrac{1}{x+1}-\dfrac{2}{x^2+1}$

$=\dfrac{2}{x^2-1}-\dfrac{2}{x^2+1}=\dfrac{4}{x^4-1}$

(3) $\dfrac{1}{x+1}-\dfrac{2}{(x+1)^2}+\dfrac{1}{(x+1)^3}$

$=\dfrac{(x+1)^2-2(x+1)+1}{(x+1)^3}=\dfrac{x^2}{(x+1)^3}$

(4) $\dfrac{1}{x+y}+\dfrac{1}{x-y}+\dfrac{2y}{y^2-x^2}$

$=\dfrac{2x}{x^2-y^2}-\dfrac{2y}{x^2-y^2}=\dfrac{2}{x+y}$

(5) $\dfrac{1}{(x+1)(x+2)}+\dfrac{1}{(x+2)(x+3)}$

$-\dfrac{1}{(x+3)(x+1)}$

$=\dfrac{(x+3)+(x+1)-(x+2)}{(x+1)(x+2)(x+3)}$

$=\dfrac{x+2}{(x+1)(x+2)(x+3)}$

$=\dfrac{1}{(x+1)(x+3)}$

(6) $\dfrac{1}{(x-y)(x-z)}+\dfrac{1}{(y-x)(y-z)}$

$+\dfrac{1}{(z-x)(z-y)}$

$=-\dfrac{1}{(x-y)(z-x)}-\dfrac{1}{(x-y)(y-z)}$

$-\dfrac{1}{(z-x)(y-z)}$

$=\dfrac{-(y-z)-(z-x)-(x-y)}{(x-y)(y-z)(z-x)}=0$

3.16 (1) 与式 $= \dfrac{1}{1-\dfrac{1\cdot(1-x)}{\left(1-\dfrac{1}{1-x}\right)\cdot(1-x)}}$

$= \dfrac{1}{1+\dfrac{1-x}{x}}$

$= \dfrac{x}{x+1-x} = x$

(2) 与式 $= 1-\dfrac{x}{x+\dfrac{1\cdot x}{\left(x-\dfrac{1}{x}\right)\cdot x}}$

$= 1-\dfrac{x}{x+\dfrac{x}{x^2-1}}$

$= 1-\dfrac{x\cdot(x^2-1)}{\left(x+\dfrac{x}{x^2-1}\right)\cdot(x^2-1)}$

$= 1-\dfrac{x(x^2-1)}{x(x^2-1)+x}$

$= 1-\dfrac{x^2-1}{x^2} = \dfrac{1}{x^2}$

3.17 (1) $P(x) = x^3-7x+6$ とすると，$P(1) = 0$ より，$P(x)$ は $x-1$ で割り切れる。
したがって，$P(x) = (x-1)(x^2+x-6) = (x-1)(x-2)(x+3)$

(2) $P(x) = x^3-3x^2-14x+12$ とすると，$P(-3) = 0$ より，$P(x)$ は $x+3$ で割り切れる。
したがって，$P(x) = (x+3)(x^2-6x+4)$

3.18 $(4x^2+3x-5)\div(2x+3)$ の商は $2x-\dfrac{3}{2}$，

余りは $-\dfrac{1}{2}$ なので，

$2x-\dfrac{3}{2}+\dfrac{-\dfrac{1}{2}}{2x+3} = 2x-\dfrac{3}{2}-\dfrac{1}{4x+6}$

第 4 節　方程式

4.1 (1) $x = -2,\ 6$　　(2) $x = -\dfrac{1}{2},\ 3$

(3) $p = -1,\ -\dfrac{1}{3}$　　(4) $x = 0,\ -\dfrac{3}{2}$

(5) $x = 5$　　(6) $t = -\dfrac{2}{3}$

4.2 (1) $x = \dfrac{-3\pm\sqrt{3}i}{2}$　　(2) $s = 2\pm i$

(3) $x = \dfrac{1\pm\sqrt{5}}{2}$　　(4) $x = \dfrac{3\pm\sqrt{31}i}{4}$

(5) $x = \dfrac{-3\pm\sqrt{15}i}{12}$　　(6) $x = \dfrac{\sqrt{3}\pm\sqrt{7}}{2}$

4.3 (1) 異なる 2 つの虚数解
(2) 異なる 2 つの実数解
(3) 異なる 2 つの実数解　　(4) 2 重解

4.4 (1) $k = 2$ のとき 2 重解 $x = 3$
(2) $k = 2$ のとき 2 重解 $x = -2$，
$k = -1$ のとき 2 重解 $x = 1$
(3) $k = 1$ のとき 2 重解 $x = -4$，
$k = 9$ のとき 2 重解 $x = -\dfrac{4}{3}$
(4) $k = 1$ のとき 2 重解 $x = 1$，
$k = -4$ のとき 2 重解 $x = -\dfrac{3}{2}$

4.5 (1) $\alpha+\beta = -\dfrac{2}{7}$，$\alpha\beta = \dfrac{5}{7}$

(2) $\alpha+\beta = -3$，$\alpha\beta = -\dfrac{10}{3}$

4.6 (1) $(x-2-\sqrt{10})(x-2+\sqrt{10})$

(2) $3\left(x-\dfrac{1+\sqrt{61}}{6}\right)\left(x-\dfrac{1-\sqrt{61}}{6}\right)$

(3) $(x+1+2i)(x+1-2i)$

(4) $2\left(x-\dfrac{5+\sqrt{31}\,i}{4}\right)\left(x-\dfrac{5-\sqrt{31}\,i}{4}\right)$

4.7 (1) $x = 0,\ \pm1$　　(2) $x = 0\ (2\,$重解$),\ 2$
(3) $x = 0\ (2\,$重解$),\ \pm2$
(4) $x = 0,\ 2,\ -1$　　(5) $x = \pm1,\ 2$
(6) $x = -2,\ 1\pm\sqrt{2}$　　(7) $x = \pm2,\ \dfrac{1}{2}$
(8) $x = -1,\ 2,\ \pm\sqrt{3}i$　　(9) $x = \pm1,\ 2,\ \dfrac{2}{3}$
(10) $x = 2,\ 3,\ -1\pm\sqrt{2}\,i$

4.8 (1) $x = 5,\ y = -9$
(2) $x = -12,\ y = 5$
(3) $x = 2,\ y = 1,\ z = 1$
(4) $x = -2,\ y = 1,\ z = 3$
(5) $x = 2,\ y = -1$ または $x = -1,\ y = 2$
(6) $x = 0,\ y = 3$ または $x = 2,\ y = -1$

4.9 (1) $x = 1,\ 3$　　(2) $x = 0,\ 2$
(3) $x = -6$　　(4) $x = -6,\ 2$

4.10 (1) $x = 4$　　(2) $x = \dfrac{1}{4}$

(3) $x = -1,\ 0$　　(4) $x = 6$

4.11 判別式を D とする。
(1) $D = 4a^2+16$ で，a は実数なので $a^2 \geqq 0$ となるから，$D > 0$ である。
したがって，異なる 2 つの実数解をもつ。
(2) $D = 4a^2-4a^2 = 0$ なので，2 重解を

もつ.

(3) $D = a^2 - 12a^2 = -11a^2$ で，a は実数なので $-a^2 \leqq 0$ となるから，$a = 0$ のとき $D = 0$，$a \neq 0$ のとき $D < 0$ である．

したがって，$a = 0$ のとき 2 重解をもち，$a \neq 0$ のとき異なる 2 つの虚数解をもつ．

(4) 2 次方程式なので，$a \neq 0$ である．$D = 16 + 8a$ なので，

$D > 0$ のとき，すなわち $-2 < a < 0$，$0 < a$ のとき，異なる 2 つの実数解をもつ．

$D = 0$ のとき，すなわち $a = -2$ のとき，2 重解をもつ．

$D < 0$ のとき，すなわち $a < -2$ のとき，異なる 2 つの虚数解をもつ．

4.12 (1) $\alpha + \beta = \dfrac{3}{2}$　　(2) $\alpha\beta = \dfrac{5}{2}$

(3) $\alpha^2 + \beta^2 = (\alpha + \beta)^2 - 2\alpha\beta = \dfrac{9}{4} - 5$

$= -\dfrac{11}{4}$

(4) $\alpha^3 + \beta^3 = (\alpha + \beta)(\alpha^2 - \alpha\beta + \beta^2)$

$= \dfrac{3}{2}\left(-\dfrac{11}{4} - \dfrac{5}{2}\right) = -\dfrac{63}{8}$

(5) $\dfrac{1}{\alpha} + \dfrac{1}{\beta} = \dfrac{\alpha + \beta}{\alpha\beta} = \dfrac{\frac{3}{2}}{\frac{5}{2}} = \dfrac{3}{5}$

(6) $(\alpha - \beta)^2 = \alpha^2 - 2\alpha\beta + \beta^2$

$= -\dfrac{11}{4} - 2 \cdot \dfrac{5}{2} = -\dfrac{31}{4}$

(7) $\dfrac{\beta}{\alpha} + \dfrac{\alpha}{\beta} = \dfrac{\alpha^2 + \beta^2}{\alpha\beta} = \dfrac{-\frac{11}{4}}{\frac{5}{2}} = -\dfrac{11}{10}$

(8) $\dfrac{1}{\alpha + 2} + \dfrac{1}{\beta + 2} = \dfrac{\beta + 2 + \alpha + 2}{(\alpha + 2)(\beta + 2)}$

$= \dfrac{\alpha + \beta + 4}{\alpha\beta + 2(\alpha + \beta) + 4}$

$= \dfrac{\frac{3}{2} + 4}{\frac{5}{2} + 2 \cdot \frac{3}{2} + 4} = \dfrac{\frac{11}{2}}{\frac{19}{2}} = \dfrac{11}{19}$

4.13 (1) 求める方程式は $\left(x + \dfrac{2}{3}\right)\left(x - \dfrac{1}{6}\right) = 0$ である．これを展開すると，$x^2 + \dfrac{1}{2}x - \dfrac{1}{9} = 0$ となる．分母を払って $18x^2 + 9x - 2 = 0$

(2) 求める方程式は

$\left(x - \dfrac{-1 - \sqrt{5}}{2}\right)\left(x - \dfrac{-1 + \sqrt{5}}{2}\right) = 0$

である．これを展開して，$x^2 + x - 1 = 0$

(3) 求める方程式は

$\left(x - \dfrac{1 - 2i}{3}\right)\left(x - \dfrac{1 + 2i}{3}\right) = 0$

である．これを展開すると，$x^2 - \dfrac{2}{3}x + \dfrac{5}{9} = 0$ となる．分母を払って $9x^2 - 6x + 5 = 0$

4.14 解と係数の関係から $\alpha + \beta = 1$，$\alpha\beta = 2$ である．

(1) 求める 2 次方程式は $(x - 2\alpha)(x - 2\beta) = 0$ $x^2 - 2(\alpha + \beta)x + 4\alpha\beta = 0$　　したがって，$x^2 - 2x + 8 = 0$

(2) 求める 2 次方程式は

$\{x - (\alpha + 1)\}\{x - (\beta + 1)\} = 0$

$x^2 - \{(\alpha + 1) + (\beta + 1)\}x + (\alpha + 1)(\beta + 1) = 0$

$x^2 - (\alpha + \beta + 2)x + \alpha\beta + \alpha + \beta + 1 = 0$

したがって，$x^2 - 3x + 4 = 0$

(3) 求める 2 次方程式は

$\left(x - \dfrac{\beta}{\alpha + 1}\right)\left(x - \dfrac{\alpha}{\beta + 1}\right) = 0$

$x^2 - \left(\dfrac{\beta}{\alpha + 1} + \dfrac{\alpha}{\beta + 1}\right)x + \dfrac{\alpha\beta}{(\alpha + 1)(\beta + 1)}$

$= 0$

$x^2 - \dfrac{\beta^2 + \beta + \alpha^2 + \alpha}{\alpha\beta + \alpha + \beta + 1}x + \dfrac{\alpha\beta}{\alpha\beta + \alpha + \beta + 1} = 0$

ここで，$\alpha^2 + \beta^2 = (\alpha + \beta)^2 - 2\alpha\beta = 1 - 2 \cdot 2 = -3$ なので，$x^2 - \dfrac{-2}{4}x + \dfrac{2}{4} = 0$

したがって，$2x^2 + x + 1 = 0$

4.15 (1) 2 つの解を α，2α とおく．解と係数の関係より $\alpha + 2\alpha = 2$，$\alpha \cdot 2\alpha = m$ となるから，$\alpha = \dfrac{2}{3}$，$m = 2\alpha^2 = \dfrac{8}{9}$ となる．解は $x = \dfrac{2}{3}$，$\dfrac{4}{3}$

(2) 2 つの解を α，$\alpha + 1$ とおく．解と係数の関係より $\alpha + \alpha + 1 = 2$，$\alpha(\alpha + 1) = m$ となるから，$\alpha = \dfrac{1}{2}$，$m = \dfrac{1}{2} \cdot \dfrac{3}{2} = \dfrac{3}{4}$ となる．解は $x = \dfrac{1}{2}$，$\dfrac{3}{2}$

(3) 2 つの解を $2\alpha,\ 3\alpha$ とおく．解と係数の関係より $2\alpha + 3\alpha = 2,\ 2\alpha \cdot 3\alpha = m$ となるから，$\alpha = \dfrac{2}{5},\ m = 6\alpha^2 = \dfrac{24}{25}$ となる．解は $x = \dfrac{4}{5},\ \dfrac{6}{5}$

4.16 (1) $(2x^2 + 1)(x^2 - 3) = 0$

$2x^2 + 1 = 0$ から $x = \pm\dfrac{\sqrt{2}}{2}i$，

$x^2 - 3 = 0$ から $x = \pm\sqrt{3}$

よって　$x = \pm\sqrt{3},\ \pm\dfrac{\sqrt{2}}{2}i$

(2) $(x^2 + x - 12)(x^2 + x - 6) = 0$ より

$(x + 4)(x - 3)(x + 3)(x - 2) = 0$

よって　$x = -4,\ 2,\ \pm3$

(3) $(x^2 + 1)^2 - x^2 = 0$ より

$(x^2 + x + 1)(x^2 - x + 1) = 0$

$x^2 + x + 1 = 0$ より $x = \dfrac{-1 \pm \sqrt{3}i}{2}$，

$x^2 - x + 1 = 0$ より $x = \dfrac{1 \pm \sqrt{3}i}{2}$

よって　$x = \dfrac{1 \pm \sqrt{3}i}{2},\ \dfrac{-1 \pm \sqrt{3}i}{2}$

(4) $(x^2 + 2)^2 - 4x^2 = 0$ より

$(x^2 + 2x + 2)(x^2 - 2x + 2) = 0$

$x^2 + 2x + 2 = 0$ から $x = -1 \pm i$，

$x^2 - 2x + 2 = 0$ から $x = 1 \pm i$

よって　$x = 1 \pm i,\ -1 \pm i$

4.17 $\begin{cases} a + b + 4c + d = 0 & \cdots ① \\ b + 2c + d = 0 & \cdots ② \\ 2a + 3b + 4c + d = 0 & \cdots ③ \end{cases}$ とする．

① $\times 2 - $③ より，$-b + 4c + d = 0 \cdots$ ④

② $+$ ④ より，$6c + 2d = 0$ となるので

$c = -\dfrac{1}{3}d$

② に代入して $b = -\dfrac{1}{3}d$，① に代入して

$a = \dfrac{2}{3}d$

以上により，$a = \dfrac{2}{3}d,\ b = -\dfrac{1}{3}d,\ c = -\dfrac{1}{3}d$

4.18 A の速さを時速 x [km]，B の前半の速さを時速 y [km] とすると，前半の 30 km にかかった時間は B が $\dfrac{1}{2}$ 時間長かったので，

$$\frac{30}{y} - \frac{30}{x} = \frac{1}{2} \cdots ①$$

後半の 30 km は B が時速 $2y$ [km] で走って，かかった時間は B が $\dfrac{1}{2}$ 時間短かったので，

$$\frac{30}{x} - \frac{30}{2y} = \frac{1}{2} \cdots ②$$

① $+$ ② より $\dfrac{15}{y} = 1$ となるので，$y = 15$

① より $x = 20$ で $\dfrac{60}{20} = 3$．よって，A は時速 20 km，B は前半は時速 15 km，後半は時速 30 km で走り，かかった時間は 3 時間．

4.19 AB 間の距離を x [km]，川の流れの速さを時速 v [km] $(v > 0)$ とすると，A から B までは時速 12 km の船で $\dfrac{x}{12 + v}$ 時間，B から A までは時速 12 km の船で $\dfrac{x}{12 - v}$ 時間かかるので，

$$\frac{x}{12 + v} + \frac{x}{12 - v} = 9 \cdots ①$$

時速 20 km の船で同様に考えると，

$$\frac{x}{20 + v} + \frac{x}{20 - v} = 5 \cdots ②$$

① より $x(12 - v) + x(12 + v) = 9(144 - v^2)$

$\Longrightarrow 24x = 1296 - 9v^2 \cdots$ ③

② より $x(20 - v) + x(20 + v) = 5(400 - v^2)$

$\Longrightarrow 40x = 2000 - 5v^2 \cdots$ ④

③ $\times 5 - $④ $\times 3$ より $0 = 480 - 30v^2$ となり，$v > 0$ なので $v = 4$

④ に代入して $x = 48$

以上により，AB 間の距離は 48 km，川の流れの速さは時速 4 km．

4.20 (1) $(x - 1)(x + 2)(x - 3) = 0$ より，$x^3 - 2x^2 - 5x + 6 = 0$

(2) $a(x - \alpha)(x - \beta)(x - \gamma)$

$= a\{x^3 - (\alpha + \beta + \gamma)x^2 + (\alpha\beta + \beta\gamma + \gamma\alpha)x - \alpha\beta\gamma\}$

これより，$-a(\alpha + \beta + \gamma) = b,\ a(\alpha\beta + \beta\gamma + \gamma\alpha) = c,\ -a\alpha\beta\gamma = d$ となるので，求める関係式を得る．

(3) $\alpha + \beta + \gamma = -\dfrac{3}{2}$，

$\alpha\beta + \beta\gamma + \gamma\alpha = \dfrac{-2}{2} = -1$，

$\alpha\beta\gamma = -\dfrac{-5}{2} = \dfrac{5}{2}$ より，

$\alpha^2 + \beta^2 + \gamma^2$
$= (\alpha + \beta + \gamma)^2 - 2(\alpha\beta + \beta\gamma + \gamma\alpha)$
$= \dfrac{9}{4} + 2 = \dfrac{17}{4}$

4.21 $x^2 - 3xy - 10y^2 = 0$ より

$(x + 2y)(x - 5y) = 0$

よって $x = -2y$ または $x = 5y$ である.

(i) $x = -2y$ のとき

$3(-2y) + (-2y)y - 10y - 30 = 0$ より

$y^2 + 8y + 15 = 0$ したがって,$y = -3, -5$

$y = -3$ のとき $x = 6$,

$y = -5$ のとき $x = 10$

(ii) $x = 5y$ のとき

$3(5y) + (5y)y - 10y - 30 = 0$ より $y^2 + y - 6 = 0$ したがって,$y = -3, 2$

$y = -3$ のとき $x = -15$,

$y = 2$ のとき $x = 10$

以上により,

$$\begin{cases} x = 6 \\ y = -3 \end{cases}, \begin{cases} x = 10 \\ y = -5 \end{cases}, \begin{cases} x = -15 \\ y = -3 \end{cases},$$

$$\begin{cases} x = 10 \\ y = 2 \end{cases}$$

第2章 集合と論理

第5節 集合と論理

5.1 $a \in A, b \in A, c \in A, d \notin A, e \notin A$

5.2 (1) $\{1, 2, 3, 4, 6, 8, 12, 24\}$

(2) $\{6, 12, 18\}$ (3) $\{x \in \mathbb{R} \mid -2 \leqq x < 3\}$

5.3 (1) $B \subset A$ (2) $A = B$

5.4 (1) $A \cap B = \{2, 4, 6\}$,

$A \cup B = \{1, 2, 3, 4, 6, 8, 10, 12\}$

(2) $A \cap B = \{x \mid 0 \leqq x < 2\}$,

$A \cup B = \{x \mid -2 < x \leqq 4\}$

5.5 (1) $\overline{A} = \{5, 7, 8, 9, 10, 11\}$

(2) $\overline{A} = \{x \in \mathbb{R} \mid x \leqq 2$ または $5 \leqq x\}$

5.6 (1) $\{x \in \mathbb{R} \mid x < -1$ または $0 \leqq x \leqq 3$ または $4 < x\}$

(2) $\{x \in \mathbb{R} \mid 6 \leqq x\}$ (3) $\{x \in \mathbb{R} \mid 6 \leqq x\}$

(4) $\{x \in \mathbb{R} \mid x < -1$ または $0 \leqq x \leqq 3$ または $4 < x\}$

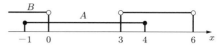

5.7 (1) $a = 3$ (2) $x \leqq 0$ または $x \geqq 4$

(3) 整数 n は 2 でも 3 でも割り切れない.

5.8 (1) 真   (2) 偽 反例：$x = -3$

5.9 (1) 十分条件   (2) 必要条件

(3) 必要十分条件

(4) 必要条件でも十分条件でもない

(5) 必要十分条件   (6) 必要条件

5.10 (1) 逆：$x^2 > 4$ ならば $x > 2$ …偽

反例：$x = -3$ など

裏：$x \leqq 2$ ならば $x^2 \leqq 4$ …偽

反例：$x = -3$ など

対偶：$x^2 \leqq 4$ ならば $x \leqq 2$ …真

(2) 逆：$x = 1$ ならば $|x| = 1$ …真

裏：$|x| \neq 1$ ならば $x \neq 1$ …真

対偶：$x \neq 1$ ならば $|x| \neq 1$ …偽

反例：$x = -1$

5.11 対偶をとって,「自然数 n について,n が偶数であれば $n^2 + n$ は偶数である」を証明する.n が偶数であれば,n^2 も偶数であるから $n^2 + n$ も偶数である.対偶が真であるから,与えられた命題も真である.

5.12 $\sqrt{2} + \sqrt{3}$ が有理数であると仮定すると

$$\sqrt{2} + \sqrt{3} = \frac{m}{n}$$

(m, n は最大公約数が 1 の自然数)

と表すことができる.両辺を 2 乗すると,$5 + 2\sqrt{6} = \dfrac{m^2}{n^2}$ となるから,$\sqrt{6} = \dfrac{m^2 - 10n^2}{2n^2}$

が得られる.右辺は有理数であるから $\sqrt{6}$ も有理数となり,$\sqrt{6}$ が無理数であることに矛盾する.したがって,$\sqrt{2} + \sqrt{3}$ は無理数である.

5.13 (1) a, b, c

(2) $\varnothing, \{a\}, \{b\}, \{c\}, \{a, b\}, \{a, c\}, \{b, c\}, \{a, b, c\}$

5.14 (1) $\{c, d\}$ (2) $\{a, b, c, d, e, f\}$

(3) $\{e, f\}$ (4) $\{a, b\}$

(5) $\{a, b, e, f\}$ (6) $\varnothing$

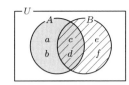

5.15 (1) $\overline{A} = \{1, 2, 3, 4\}$

(2) $\overline{A} = \{x \in \mathbb{R} \mid x \leq -3 \text{ または } x \geq 3\}$

(3) $\overline{A} = \{x \in \mathbb{R} \mid 0 \leq x < 3 \text{ または } 5 < x \leq 10\}$

5.16 (1) $\{x \mid -1 < x < 2\}$

(2) $\{x \mid -3 < x < 5\}$

(3) $\{x \mid x \leq -3 \text{ または } 2 \leq x\}$

(4) $\{x \mid x \leq -1 \text{ または } 5 \leq x\}$

(5) $\{x \mid x \leq -1 \text{ または } 2 \leq x\}$

(6) $\{x \mid x \leq -3 \text{ または } 5 \leq x\}$

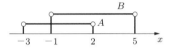

5.17 (1) 偽　反例：$m = 6$ など

(2) 偽　反例：$x = 1$ など

(3) 真

5.18 (1) 十分条件　　(2) 必要十分条件

(3) 十分条件　　(4) 必要条件

5.19 (1) 逆：$a = 0$ かつ $b = 0$ ならば $a^2 + b^2 = 0$　…真

裏：$a^2 + b^2 \neq 0$ ならば $a \neq 0$ または $b \neq 0$　…真

対偶：$a \neq 0$ または $b \neq 0$ ならば $a^2 + b^2 \neq 0$　…真

(2) 逆：四角形において，対角線が互いに長さを二等分するならば正方形である．　…偽

　反例：正方形でない長方形，など

裏：四角形において，正方形でないならば対角線の長さを互いに二等分しない．　…偽

　反例：正方形でない長方形，など

対偶：四角形において，対角線が互いに長さを二等分しないならば正方形でない．　…真

第 6 節　等式と不等式の証明

6.1 (1) $a = 2$, $b = -3$　　(2) $a = 2$, $b = -1$

(3) $a = 1$, $b = 2$, $c = -3$

(4) $a = 2$, $b = -1$

6.2 (1) $a = 1$, $b = -1$

(2) $a = \dfrac{1}{3}$, $b = \dfrac{2}{3}$　　(3) $a = 2$, $b = 1$

(4) $a = \dfrac{1}{2}$, $b = -\dfrac{1}{2}$, $c = 0$

6.3 (1) $\dfrac{1}{5(2x - 1)} + \dfrac{2}{5(x + 2)}$

(2) $-\dfrac{1}{x - 2} + \dfrac{x - 4}{x^2 + 1}$

6.4 (1) 左辺 $= a^2 x^2 + 2axby + b^2 y^2$

$$- (a^2 y^2 + 2aybx + b^2 x^2)$$

$$= a^2 x^2 + b^2 y^2 - a^2 y^2 - b^2 x^2$$

$$= a^2(x^2 - y^2) - b^2(x^2 - y^2)$$

$$= (a^2 - b^2)(x^2 - y^2) = 右辺$$

(2) 左辺 $= a^2 x^2 + 2axb + b^2 + a^2 x^2$

$$- 2axb + b^2$$

$$= 2a^2 x^2 + 2b^2$$

$$= 2(a^2 x^2 + b^2) = 右辺$$

(3) 右辺 $-$ 左辺

$$= 2a^2 + 2b^2 + 2ab - (a^2 + b^2 + 1)$$

$$= a^2 + b^2 + 2ab - 1$$

$$= (a + b)^2 - 1 = 1 - 1 = 0$$

6.5 $\dfrac{a}{b} = \dfrac{c}{d} = k \ (\neq 0)$ とおくと，$a = bk$, $c = dk$ となる．

(1) 左辺 $= \dfrac{bk - b}{bk + b} = \dfrac{k - 1}{k + 1}$,

右辺 $= \dfrac{dk - d}{dk + d} = \dfrac{k - 1}{k + 1}$

よって　左辺 $=$ 右辺

(2) 左辺 $= \dfrac{(bk)^2}{(bk)^2 + b^2} = \dfrac{b^2 k^2}{b^2(k^2 + 1)}$

$$= \dfrac{k^2}{k^2 + 1},$$

右辺 $= \dfrac{(bk)(dk)}{(bk)(dk) + bd} = \dfrac{bdk^2}{bd(k^2 + 1)}$

$$= \dfrac{k^2}{k^2 + 1}$$

よって　左辺 $=$ 右辺

6.6 (1) 左辺 $-$ 右辺 $= (a - 2)^2 + 1 > 0$

(2) 左辺 $= \left(a + \dfrac{1}{2}b\right)^2 + \dfrac{3}{4}b^2 \geq 0$

等号は $a = b = 0$ のときだけ成り立つ．

(3) 左辺 $-$ 右辺 $= (x - 1)^2 + (y + 1)^2 \geq 0$

等号は $x = 1$ かつ $y = -1$ のときだけ成り

立つ.

(4) 右辺 − 左辺

$= (a^2x^2 - 2axby + b^2y^2)$

$\quad - (a^2x^2 - a^2y^2 - b^2x^2 + b^2y^2)$

$= a^2y^2 - 2aybx + b^2x^2 = (ay - bx)^2 \geqq 0$

等号は $ay = bx$ のときだけ成り立つ.

6.7 相加・相乗平均の不等式を使う.

(1) 左辺 $= 25a + \dfrac{1}{4a} \geqq 2\sqrt{25a \cdot \dfrac{1}{4a}}$

$= 2\sqrt{\dfrac{25}{4}} = 5$

等号は $a = \dfrac{1}{10}$ のときだけ成り立つ.

(2) 左辺 $= \left(a + \dfrac{1}{a}\right)\left(b + \dfrac{1}{b}\right)$

$\geqq 2\sqrt{a \cdot \dfrac{1}{a}} \cdot 2\sqrt{b \cdot \dfrac{1}{b}} = 2 \cdot 2 = 4$

等号は $a = b = 1$ のときだけ成り立つ.

(3) 左辺 $= a^2 + \dfrac{1}{b^2} \geqq 2\sqrt{a^2 \cdot \dfrac{1}{b^2}} = \dfrac{2a}{b}$

等号は $ab = 1$ のときだけ成り立つ.

6.8 (1)
$$\left[\begin{array}{l} 6x^2 - 11x - 10 = (3x + 2)(2x - 5) \\ \text{であるので } \dfrac{x}{6x^2 - 11x - 10} = \dfrac{a}{3x + 2} \\ + \dfrac{b}{2x - 5} \text{ とおく.} \end{array} \right]$$

$\dfrac{2}{19(3x + 2)} + \dfrac{5}{19(2x - 5)}$

(2)
$$\left[\begin{array}{l} \dfrac{x^2 + 15x + 18}{(x - 3)(x + 3)^2} = \dfrac{a}{x - 3} + \dfrac{b}{x + 3} + \\ \dfrac{c}{(x + 3)^2} \text{ とおく.} \end{array} \right]$$

$\dfrac{2}{x - 3} - \dfrac{1}{x + 3} + \dfrac{3}{(x + 3)^2}$

(3)
$$\left[\begin{array}{l} \dfrac{11x^2 + 3x - 5}{(x + 2)(x^2 + 7)} = \dfrac{a}{x + 2} + \dfrac{bx + c}{x^2 + 7} \\ \text{とおく.} \end{array} \right]$$

$\dfrac{3}{x + 2} + \dfrac{8x - 13}{x^2 + 7}$

(4)
$$\left[\begin{array}{l} \dfrac{x^2 - 4x + 1}{(x + 3)^3} = \dfrac{a}{x + 3} + \dfrac{b}{(x + 3)^2} + \\ \dfrac{c}{(x + 3)^2} \text{ とおく.} \end{array} \right]$$

$\dfrac{1}{x + 3} - \dfrac{10}{(x + 3)^2} + \dfrac{22}{(x + 3)^3}$

6.9 (1) 左辺 $= (a^3 - 3a^2b + 3ab^2 - b^3) + (b^3 - 3b^2c + 3bc^2 - c^3) + (c^3 - 3c^2a + 3ca^2 - a^3)$

$= -3a^2b + 3ab^2 - 3b^2c + 3bc^2 - 3c^2a + 3ca^2$

$= 3\{(c - b)a^2 - (c^2 - b^2)a - b^2c + bc^2\}$

$= 3\{(c - b)a^2 - (c + b)(c - b)a + bc(c - b)\}$

$= 3(c - b)\{a^2 - (b + c)a + bc\}$

$= 3(c - b)(a - b)(a - c) = 3(a - b)(b - c)(c - a)$

$=$ 右辺

(2) 左辺 $= a^2x^2 + a^2y^2 + a^2z^2 + b^2x^2 + b^2y^2 + b^2z^2 + c^2x^2 + c^2y^2 + c^2z^2 - (a^2x^2 + b^2y^2 + c^2z^2 + 2abxy + 2bcyz + 2acxz)$

$= a^2y^2 - 2aybx + b^2x^2 + b^2z^2$

$\quad - 2bzcy + c^2y^2 + c^2x^2 - 2cxaz + a^2z^2$

$= (ay - bx)^2 + (bz - cy)^2 + (cx - az)^2$

$=$ 右辺

(3) 左辺 − 右辺

$= ab + a + ba + b - (2ab - 1)$

$= a + b - 1 = 0$

(4) $a + b + c = 0$ より，$c = -(a + b)$ を代入して式を変形する.

左辺 $= 2a^2 - b(a + b) = 2a^2 - ab - b^2$

$= (a - b)(2a + b) = (a - b)(a - c) =$ 右辺

6.10 両辺とも正であるので $(\text{左辺})^2 < (\text{右辺})^2$ を示す.

(1) $\left(1 + \dfrac{x}{2}\right)^2 - (\sqrt{1 + x})^2$

$= 1 + x + \dfrac{x^2}{4} - (1 + x) = \dfrac{x^2}{4} > 0$

(2) $\left(\sqrt{2(x + y)}\right)^2 - (\sqrt{x} + \sqrt{y})^2$

$= 2x + 2y - (x + 2\sqrt{xy} + y) = (\sqrt{x} - \sqrt{y})^2$

$\geqq 0$

等号は，$\sqrt{x} = \sqrt{y}$，すなわち，$x = y$ のときだけ成り立つ.

6.11 (1) は，左辺，右辺をそれぞれ 2 乗した式の大小を調べる. また，絶対値との大小比較では $|a| \geqq a$ を使う.

(1) $(|a| + |b|)^2 - |a + b|^2 = a^2 + 2|ab| + b^2 - (a^2 + 2ab + b^2) = 2(|ab| - ab) \geqq 0$

等号成立は，$|ab| = ab$ より，$ab \geqq 0$ のときのみ.

(2) (1) から，任意の実数 x，y に対して $|x + y| \leqq |x| + |y|$ が成り立つ. ここで，

$x = a - b$, $y = b$ とおくと $x + y = a$ となるから，$|a| \leqq |a - b| + |b|$，すなわち，$|a| - |b| \leqq |a - b|$ が成り立つ．等号成立は (1) より，$xy \geqq 0$ のときなので，$(a-b)b \geqq 0$ のときのみ．

(3) (1) の不等式を 2 回使う．

$$|a + b + c| \leqq |a| + |b + c| \leqq |a| + |b| + |c|$$

等号成立は $a(b + c) \geqq 0$ かつ $bc \geqq 0$ のときのみ．

6.12 (1), (2) は相加・相乗平均の不等式を使う．(3) は右辺 − 左辺を計算する．

(1) 左辺 $\geqq 2\sqrt{ab} \cdot 2\sqrt{bc} \cdot 2\sqrt{ca} = $ 右辺　等号成立は $a = b = c$ のときのみ．

(2) $a^4 + b^4 \geqq 2\sqrt{a^4 \cdot b^4} = 2a^2b^2$，$c^4 + d^4 \geqq 2\sqrt{c^4 \cdot d^4} = 2c^2d^2$ なので，これらを辺々加えて，

$$a^4 + b^4 + c^4 + d^4 \geqq 2a^2b^2 + 2c^2d^2$$
$$\geqq 2\sqrt{2a^2b^2 \cdot 2c^2d^2}$$
$$= 4abcd$$

等号成立は，$a^4 = b^4$ かつ $c^4 = d^4$ かつ $a^2b^2 = c^2d^2$ のときのみ．したがって，$a = b = c = d$ のときのみ．

(3) 右辺 − 左辺 $= \dfrac{a^2 + b^2}{2} - \dfrac{a^2 + 2ab + b^2}{4}$

$= \dfrac{a^2 - 2ab + b^2}{4} = \dfrac{(a - b)^2}{4} \geqq 0$

等号成立は $a = b$ のときのみ．

第 3 章　いろいろな関数

第 7 節　2 次関数とそのグラフ

7.1

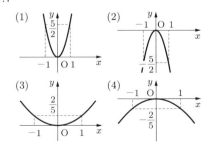

7.2 (1) x 軸方向に 4，y 軸方向に 3

(2) x 軸方向に -1，y 軸方向に -2

(3) x 軸方向に -5　　(4) y 軸方向に 4

7.3 (1) 下に凸，頂点 $(0, -4)$，軸の方程式 $x = 0$，y 軸との共有点 $(0, -4)$

(2) 上に凸，頂点 $(2, -1)$，軸の方程式 $x = 2$，y 軸との共有点 $(0, -5)$

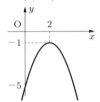

(3) 頂点 $(-1, -8)$，軸の方程式 $x = -1$，y 軸との共有点 $(0, -6)$

7.4 (1) 標準形 $y = -(x + 3)^2 + 9$，頂点 $(-3, 9)$，軸の方程式 $x = -3$，y 軸との共有点 $(0, 0)$

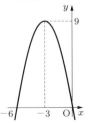

(2) 標準形 $y = \dfrac{1}{2}(x - 1)^2 + \dfrac{11}{2}$，頂点 $\left(1, \dfrac{11}{2}\right)$，軸の方程式 $x = 1$，y 軸との共有点 $(0, 6)$

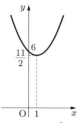

(3) 標準形 $y = \left(x + \dfrac{3}{2}\right)^2 - \dfrac{1}{4}$,

頂点 $\left(-\dfrac{3}{2}, -\dfrac{1}{4}\right)$,

軸の方程式 $x = -\dfrac{3}{2}$, y 軸との共有点 $(0, 2)$

(4) 標準形 $y = -2(x - 1)^2 - 3$,
頂点 $(1, -3)$, 軸の方程式 $x = 1$,
y 軸との共有点 $(0, -5)$

7.5 (1) 座標軸との共有点 $(2, 0)$, $(-6, 0)$,
$(0, -3)$, 頂点 $(-2, -4)$

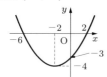

(2) 座標軸との共有点 $(-1, 0)$, $(5, 0)$, $(0, 5)$,
頂点 $(2, 9)$

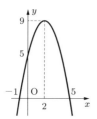

(3) 座標軸との共有点 $(0, 0)$, $(-4, 0)$, 頂点
$(-2, -8)$

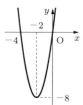

(4) 座標軸との共有点 $(1, 0)$, $(-4, 0)$,
$(0, -4)$, 頂点 $\left(-\dfrac{3}{2}, -\dfrac{25}{4}\right)$

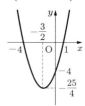

7.6 (1) $y = -2(x + 2)^2 + 4$
  (2) $y = x^2 + x - 3$
  (3) $y = (x - 1)(x + 3)$
  (4) $y = -(x - 1)^2 + 2$

7.7 (1) $x = 2$ のとき最小値 $y = -3$, 最大値
はない.

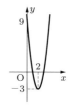

(2) $x = -1$ のとき最大値 $y = -2$, 最小値は
ない.

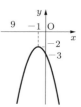

(3) $x = -2$ のとき最小値 $y = -3$, 最大値は
ない.

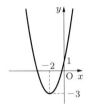

(4) $x = 1$ のとき最大値 $y = 1$, 最小値はない.

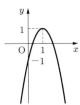

7.8 (1) $-2 \le y \le 6$, $x = -3$ のとき最大値 $y = 6$, $x = -1$ のとき最小値 $y = -2$

(2) $-4 \le y \le 4$, $x = 2$ のとき最大値 $y = 4$, $x = 4$ のとき最小値 $y = -4$

(3) $-5 \le y \le -1$, $x = -5$ のとき最大値 $y = -1$, $x = -3$ のとき最小値 $y = -5$

(4) $-7 \le y \le 1$, $x = 0$ のとき最大値 $y = 1$, $x = -2$ のとき最小値 $y = -7$

7.9 $t = \dfrac{3}{2}$ のとき最大, $S = \dfrac{49}{4}\,[\mathrm{m}^2]$

7.10 (1) 標準形 $y = -\left(x - \dfrac{3}{4}\right)^2 + \dfrac{1}{16}$,
頂点 $\left(\dfrac{3}{4}, \dfrac{1}{16}\right)$, 軸の方程式 $x = \dfrac{3}{4}$,
y 軸との共有点 $\left(0, -\dfrac{1}{2}\right)$

(2) 標準形 $y = 2\left(x + \dfrac{5}{3}\right)^2 - \dfrac{50}{9}$,
頂点 $\left(-\dfrac{5}{3}, -\dfrac{50}{9}\right)$, 軸の方程式 $x = -\dfrac{5}{3}$,
y 軸との共有点 $(0, 0)$

(3) 標準形 $y = 3\left(x - \dfrac{1}{2}\right)^2 + \dfrac{5}{4}$,
頂点 $\left(\dfrac{1}{2}, \dfrac{5}{4}\right)$, 軸の方程式 $x = \dfrac{1}{2}$,
y 軸との共有点 $(0, 2)$

(4) 標準形 $y = -2\left(x - \dfrac{3}{2}\right)^2 - 1$,
頂点 $\left(\dfrac{3}{2}, -1\right)$, 軸の方程式 $x = \dfrac{3}{2}$,

y 軸との共有点 $\left(0, -\dfrac{11}{2}\right)$

7.11 (1) 求める 2 次関数を $y = ax^2 + bx + c$ とおくと, 3 点 $(1,1), (2,4), (3,11)$ を通ることから,

$$\begin{cases} 1 = a + b + c \\ 4 = 4a + 2b + c \\ 11 = 9a + 3b + c \end{cases}$$

が成り立つ. これを解くと, $a = 2$, $b = -3$, $c = 2$. したがって, 求める 2 次関数は $y = 2x^2 - 3x + 2$ である.

(2) x 軸との交点の x 座標が $x = 1$, $x = 3$ だから, 求める 2 次関数を $y = a(x - 1)(x - 3)$ とおく. 点 $(0, 3)$ を通るので, $3 = 3a$ より $a = 1$ である. したがって, 求める 2 次関数は $y = (x - 1)(x - 3)$ である.

(3) 求める 2 次関数のグラフは, $y = -x^2$ のグラフを x 軸方向に 3 だけ, y 軸方向に -2 だけ平行移動したものであるから, $y = -(x - 3)^2 - 2$ となる.

(4) 放物線は軸に関して対称なことに注意すると, 2 点 $(3, -1), (1, -1)$ の y 座標は -1 で同じなので, 軸の方程式が $x = 2$ とわかる. よって, 頂点の座標は $(2, 2)$ となる. 求める 2 次関数を $y = a(x - 2)^2 + 2$ とおくと, 点 $(3, -1)$ を通ることから, $-1 = a(3 - 2)^2 + 2$ となる. これを解くと, $a = -3$. したがって, 求める 2 次関数は $y = -3(x - 2)^2 + 2$ である.

(5) 放物線は軸に関して対称なので, x 軸と 2 点 $(-1, 0), (3, 0)$ で交わることから, 軸の方程式は $x = 1$ となる. 頂点が直線 $y = x$ 上なので, 頂点の座標は $(1, 1)$ である. よって, 求める方程式を $y = a(x - 1)^2 + 1$ とおく. 点 $(-1, 0)$ を通るので, $0 = 4a + 1$. よって, $a = -\dfrac{1}{4}$ となるので, $y = -\dfrac{1}{4}(x - 1)^2 + 1$ となる.

7.12 (1) $x = 1$ または $x = 3$ のとき最大値 $y = -3$ をとる.
$x = 2$ のとき最小値 $y = -4$ をとる.

(2) $x = -3$ のとき最大値 $y = -1$ をとる. 最小値はない.

[定義域が開区間であることに注意する.]

(3) $x = 1$ のとき最大値 $y = 7$ をとる. $x = -1$ のとき最小値 $y = -1$ をとる.

(4) $x = -1$ のとき最大値 $y = 4$ をとる. $x = 1$ のとき最小値 $y = 0$ をとる.

7.13 条件より, $\dfrac{x+3}{3} = \dfrac{y+5}{2} = z+2 = t$

とおくと, $x = 3t-3,\ y = 2t-5,\ z = t-2$ である. よって,

$$x^2+y^2+z^2 = (3t-3)^2+(2t-5)^2+(t-2)^2$$
$$= 14t^2 - 42t + 38$$
$$= 14\left(t - \frac{3}{2}\right)^2 + \frac{13}{2}$$

となるので, $t = \dfrac{3}{2}$ のとき最小値 $\dfrac{13}{2}$ となる. このとき, $x = \dfrac{3}{2},\ y = -2,\ z = -\dfrac{1}{2}$ となる.

以上より, $x = \dfrac{3}{2},\ y = -2,\ z = -\dfrac{1}{2}$ のとき, $x^2+y^2+z^2$ は最小値 $\dfrac{13}{2}$ となる.

7.14 両端から長さ $4x\,[\mathrm{cm}]$ のところを切るとする. x の範囲は $0 < x < 15$ となる. 針金の長さは, $4x\,[\mathrm{cm}]$ が 2 本と $120-8x\,[\mathrm{cm}]$ が 1 本となるので, 正方形は面積が $x^2\,[\mathrm{cm}^2]$ のものが 2 つと $(30-2x)^2\,[\mathrm{cm}^2]$ のものが 1 つとなる. よって, 面積の和 S は $S = 2x^2 + (30-2x)^2$ となる.

$$S = 2x^2 + (30-2x)^2 = 6x^2 - 120x + 900$$
$$= 6(x-10)^2 + 300$$

なので, $0 < x < 15$ の範囲では $x = 10$ のとき, S は最小の 300 となる. よって, 両端から長さ $40\,\mathrm{cm}$ のところを切ればよい.

7.15 $y = x^2 - 2ax + 1 = (x-a)^2 - a^2 + 1$ なので, グラフは下に凸で, 頂点が $(a, -a^2+1)$ の放物線となる.

（ⅰ）$a < 0$ のとき, 頂点は定義域の外で左側になる. よって, $x = 0$ のとき最小値 $y = 1$ となり, $x = 4$ のとき最大値 $y = -8a+17$ となる.

（ⅱ）$0 \leqq a < 2$ のとき, 頂点は定義域の中央より左側になる. よって, $x = a$ のとき最小

値 $y = -a^2+1$ となり, $x = 4$ のとき最大値 $y = -8a+17$ となる.

（ⅲ）$a = 2$ のとき, 頂点は定義域の中央になる. よって, $x = a$ のとき最小値 $y = -a^2+1 = -3$ となり, $x = 0$ または $x = 4$ のとき最大値 $y = -8a+17 = 1$ となる.

（ⅳ）$2 < a \leqq 4$ のとき, 頂点は定義域の中央より右側になる. よって, $x = a$ のとき最小値 $y = -a^2+1$ となり, $x = 0$ のとき最大値 $y = 1$ となる.

（ⅴ）$4 < a$ のとき, 頂点は定義域の外で右側になる. よって, $x = 4$ のとき最小値 $y = -8a+17$ となり, $x = 0$ のとき最大値 $y = 1$ となる.

7.16 $y = -2x + 5$ より,

$$x^2 + y^2 = x^2 + (-2x+5)^2$$
$$= 5x^2 - 20x + 25 = 5(x-2)^2 + 5$$

となるので, $x = 2$ のとき最小値をとる. このとき, $y = 1$ である. よって, $x = 2,\ y = 1$ のとき x^2+y^2 は最小値 5 となる.

第 8 節　2 次関数と 2 次方程式・2 次不等式

8.1 x 軸と共有点をもつ場合には, その座標を示す.

(1) 2 点で交わる. $(-1, 0),\ (-2, 0)$

(2) 共有点はない

(3) 接する. $(-2, 0)$

(4) 共有点はない

(5) 接する. $\left(\dfrac{1}{3}, 0\right)$

(6) 2 点で交わる. $\left(\dfrac{1}{2}, 0\right),\ \left(\dfrac{3}{2}, 0\right)$

8.2 (1) $(0, 1),\ (-1, 0)$　(2) $(-1, 3),\ (9, -17)$

8.3 (1) $k = -2$ のとき, 接点は $(-1, -4)$.

(2) $k = 7$ のとき, 接点は $(1, 2)$. $k = -1$ のとき, 接点は $(-1, -4)$.

(3) $k = \dfrac{1}{2}$ のとき, 接点は $(1, 0)$. $k = \dfrac{5}{2}$ のとき, 接点は $(-1, -6)$.

8.4 (1) $x \leqq -3,\ 2 \leqq x$　(2) $-5 < x < 2$

(3) $x \leqq -3,\ 3 \leqq x$　(4) $-1 \leqq x \leqq 3$

8.5 (1) 解なし　(2) $x = -2$

(3) $x < -4,\ -4 < x$　(4) すべての実数

8.6 (1) 判別式 $D = 12 > 0$ より，共有点は 2 個ある．方程式 $x^2 - 3 = 0$ を解くと $x = \pm\sqrt{3}$ なので，共有点は $\left(\pm\sqrt{3}, 0\right)$ である．

(2) 判別式 $D = 5 > 0$ より，共有点は 2 個ある．方程式 $-x^2 - x + 1 = 0$ を解くと $x = \dfrac{-1 \pm \sqrt{5}}{2}$ なので，共有点は $\left(\dfrac{-1 \pm \sqrt{5}}{2}, 0\right)$ である．

(3) 判別式 $D = 0$ より，共有点は 1 個ある．方程式 $x^2 + 10x + 25 = 0$ を解くと $x = -5$ なので，共有点は $(-5, 0)$ である．

(4) 判別式 $D = -7 < 0$ より，共有点はない．

(5) 判別式 $D = -23 < 0$ より，共有点はない．

(6) 判別式 $D = 0$ より，共有点は 1 個ある．方程式 $-x^2 + x - \dfrac{1}{4} = 0$ を解くと $x = \dfrac{1}{2}$ なので，共有点は $\left(\dfrac{1}{2}, 0\right)$ である．

8.7 (1) 方程式 $-2x^2 - 6x + 3 = -3x + 2$ は $2x^2 + 3x - 1 = 0$ となる．この式の判別式 $D = 17 > 0$ より，共有点は 2 個ある．方程式 $2x^2 + 3x - 1 = 0$ を解くと $x = \dfrac{-3 \pm \sqrt{17}}{4}$ なので，共有点は $\left(\dfrac{-3 \pm \sqrt{17}}{4}, \dfrac{17 \mp 3\sqrt{17}}{4}\right)$（複号同順）である．

(2) 方程式 $2x^2 + 5x - 1 = 2x - 3$ は $2x^2 + 3x + 2 = 0$ となる．この式の判別式 $D = -7 < 0$ より，共有点はない．

(3) 方程式 $-9x^2 - 19x - 19 = 5x - 3$ は $9x^2 + 24x + 16 = 0$ となる．この式の判別式 $D = 0$ より，共有点は 1 個ある．方程式 $9x^2 + 24x + 16 = 0$ を解くと $x = -\dfrac{4}{3}$ なので，共有点は $\left(-\dfrac{4}{3}, -\dfrac{29}{3}\right)$ である．

(4) 方程式 $-3x^2 - x - 3 = 3x - 1$ は $3x^2 + 4x + 2 = 0$ となる．この式の判別式 $D = -8 < 0$ より，共有点はない．

8.8 (1) $x^2 \leqq 3$ は $x^2 - 3 = \left(x + \sqrt{3}\right)\left(x - \sqrt{3}\right) \leqq 0$ となるので，求める解は $-\sqrt{3} \leqq x \leqq \sqrt{3}$ である．

(2) $-x^2 - 6x + 4 < -2x + 3$ は $x^2 + 4x - 1 > 0$ となる．$x^2 + 4x - 1 = 0$ の解は $x = -2 \pm \sqrt{5}$ なので，求める解は $x < -2 - \sqrt{5}$ または $-2 + \sqrt{5} < x$ である．

(3) $x^2 + 4x - 1 > 2x^2 + 6x + 1$ は $x^2 + 2x + 2 < 0$ となる．このとき，$x^2 + 2x + 2 = (x + 1)^2 + 1$ となるので，解なしである．

(4) $4x^2 + 5x + 2 \leqq x + 1$ は $4x^2 + 4x + 1 = (2x + 1)^2 \leqq 0$ となるので，求める解は $x = -\dfrac{1}{2}$ である．

(5) $8x^2 - 5x + 3 > -x^2 + x + 2$ は $9x^2 - 6x + 1 > 0$ となる．このとき，$9x^2 - 6x + 1 = (3x - 1)^2$ となるので，求める解は $x < \dfrac{1}{3}$ または $\dfrac{1}{3} < x$ である．

(6) $-8x - 12 \leqq 4x^2 + 4x - 1$ は $4x^2 + 12x + 11 = (2x + 3)^2 + 2 \geqq 0$ となるので，求める解はすべての実数である．

8.9 点 $(1, -1)$ を通る直線は，傾きを m とすると，$y = m(x - 1) - 1 = mx - (m + 1)$ となる．よって，$2x^2 - x = mx - (m + 1)$，つまり，$2x^2 - (m + 1)x + (m + 1) = 0$ の判別式 $D = 0$ であればよい．$D = (m + 1)^2 - 8(m + 1) = (m - 7)(m + 1) = 0$ より，$m = 7$ または $m = -1$ である．

よって $m = 7$ のとき，接線の方程式は $y = 7x - 8$，接点の座標は $(2, 6)$ である．$m = -1$ のとき，接線の方程式は $y = -x$，接点の座標は $(0, 0)$ である．

8.10 (1) ① $x^2 - 2x - 3 \leqq 0$ の解は，$-1 \leqq x \leqq 3$ である．また，② $2x - 5 > 0$ の解は，$x > \dfrac{5}{2}$ である．

これらの共通部分をとれば，求める解は $\dfrac{5}{2} < x \leqq 3$ である．

(2) ① $x^2 > 1$ の解は $x < -1$，$1 < x$ である．また，② $x^2 - 2x - 15 \leqq 0$ の解は $-3 \leqq x \leqq 5$ である．これらの共通部分をとれば，求める解は $-3 \leqq x < -1$，$1 < x \leqq 5$

である.

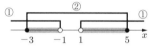

(3) ① $x^2 + x + 1 > 0$ の解はすべての実数である. また, ② $6x^2 - 7x + 2 < 0$ の解は $\dfrac{1}{2} < x < \dfrac{2}{3}$ である. よって, 求める解は $\dfrac{1}{2} < x < \dfrac{2}{3}$ である.

(4) それぞれの不等式を解けば, ① $x < 1, 3 < x$, ② $x < -2, -2 < x$, ③ $-3 < x < 4$ となる. これらの共通部分をとれば, 求める解は $-3 < x < -2, -2 < x < 1, 3 < x < 4$ である.

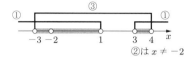

②は $x \neq -2$

第 9 節　関数とグラフ

9.1 (1) -2 (2) 3 (3) 0 (4) 7
(5) $2a^2 + a - 3$ (6) $8a^2 - 2a - 3$
(7) $2a^2 - 5a$ (8) $8a^2 + 6a - 2$

9.2 (1) 第 1 象限 (2) 第 2 象限
(3) 第 4 象限 (4) 第 3 象限
(5) 第 1 象限 (6) 第 2 象限

9.3 (1) y 軸方向に -4 (2) x 軸方向に 5
(3) x 軸方向に -3, y 軸方向に 3
(4) x 軸方向に 2, y 軸方向に 5

9.4 (1) $y = 3x - 9$ (2) $y = x^2 - 7x + 7$
(3) $y = \dfrac{2}{x - 2} - 1$ (4) $y = \sqrt{2x - 4} - 1$

9.5 x 軸に関する対称移動, y 軸に関する対称移動, 原点に関する対称移動の順に示す.
(1) $y = 2x - 4$, $y = 2x + 4$, $y = -2x - 4$
(2) $y = -2x + x^2$, $y = -2x - x^2$, $y = 2x + x^2$
(3) $y = -\sqrt{x + 1}$, $y = \sqrt{-x + 1}$, $y = -\sqrt{-x + 1}$

9.6 (1) x 軸に関して対称移動
(2) y 軸に関して対称移動
(3) 原点に関して対称移動

9.7 (1) 偶関数 (2) 奇関数 (3) 偶関数
(4) 奇関数 (5) 奇関数

(6) どちらでもない

9.8
(1) 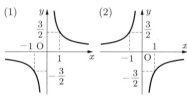 (2)

(3) 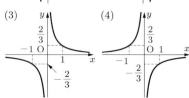 (4)

9.9　漸近線の方程式, 共有点の座標の順に示す.
(1) $x = 2, y = 3$, $\left(0, \dfrac{5}{2}\right)$, $\left(\dfrac{5}{3}, 0\right)$

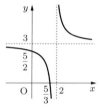

(2) $x = -1, y = -2$, $\left(-\dfrac{5}{2}, 0\right)$, $(0, -5)$

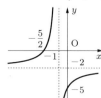

(3) $x = \dfrac{2}{3}, y = 1$, $\left(\dfrac{1}{3}, 0\right)$, $\left(0, \dfrac{1}{2}\right)$

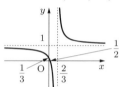

(4) $x = -\dfrac{1}{2}, y = -1$, $\left(-\dfrac{3}{2}, 0\right)$, $(0, -3)$

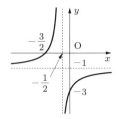

9.10 漸近線の方程式, 共有点の座標の順に示す.

(1) $x = -2, \ y = 1, \quad (-1, 0), \ \left(0, \dfrac{1}{2}\right)$

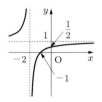

(2) $x = \dfrac{3}{2}, \ y = 1, \quad (0, 0)$

(3) $x = \dfrac{1}{2}, \ y = -\dfrac{3}{2}, \quad \left(\dfrac{1}{6}, 0\right), \ \left(0, -\dfrac{1}{2}\right)$

9.11　(1) $x < -4, \ 0 < x < 1$

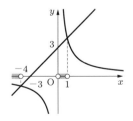

(2) $-2 \leqq x < -1, \ 1 \leqq x$

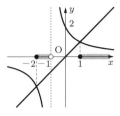

9.12　定義域, 値域, 共有点の順に示す.

(1) $x \geqq -2, \ y \geqq 1, \ (0, \sqrt{2} + 1)$

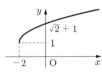

(2) $x \leqq 2, \ y \leqq 0, \ (2, 0), \ (0, -\sqrt{2})$

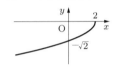

(3) $x \geqq -2, \ y \leqq 2, \ (2, 0), \ (0, -\sqrt{2} + 2)$

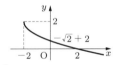

(4) $x \leqq \dfrac{3}{2}, \ y \geqq -1, \ (1, 0), \ (0, \sqrt{3} - 1)$

9.13　(1) $2 < x$ 　　　　(2) $0 \leqq x \leqq 4$

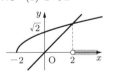

(3) $0 \leqq x < 1, \ 4 < x$

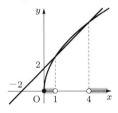

9.14 （ ）内が定義域である.

(1) $y = \dfrac{x+1}{2}$ $(-3 \leqq x \leqq 3)$

(2) $y = -\sqrt{x+1}$ $(0 \leqq x \leqq 3)$

9.15 黒いほうが求めるグラフである.

(1) $y = \dfrac{x+3}{2}$

(2) $y = -\sqrt{x+4}$

(3) $y = x^2 - 1$ $(x \geqq 0)$

(4) $y = \dfrac{2}{1-x}$

9.16 (1) $-f(x) = -(-x^2 + 3x - 2)$
$= x^2 - 3x + 2$

(2) $f(-x) = -(-x)^2 + 3(-x) - 2$
$= -x^2 - 3x - 2$

(3) $f(x-1) = -(x-1)^2 + 3(x-1) - 2$
$= -x^2 + 5x - 6$

(4) $f(x+h) = -(x+h)^2 + 3(x+h) - 2$
$= -x^2 + (3-2h)x - h^2 + 3h - 2$

(5) $f(b) - f(a)$
$= (-b^2 + 3b - 2) - (-a^2 + 3a - 2)$
$= (a+b)(a-b) - 3(a-b)$

$= (a-b)(a+b-3)$
$= -(b-a)(a+b-3)$

(6) $\dfrac{f(b) - f(a)}{b-a} = \dfrac{-(b-a)(a+b-3)}{b-a} =$
$-a - b + 3$

9.17 (1)　　　　　　　　(2)

9.18 (1) $g_2(-x) = \dfrac{f(-x) - f(x)}{2}$

$= -\dfrac{f(x) - f(-x)}{2} = -g_2(x)$ なので,

$g_2(x)$ は奇関数である.

(2) $g_3(-x) = f(-x)f(x) = f(x)f(-x)$
$= g_3(x)$ なので, $g_3(x)$ は偶関数である.

9.19 (1) $f(x)$ を偶関数, $g(x)$ を奇関数とし, $h(x) = f(x)g(x)$ とおくと, 仮定より
$f(-x) = f(x), g(-x) = -g(x)$ であるから,

$$h(-x) = f(-x)g(-x)$$
$$= f(x)\{-g(x)\} = -h(x)$$

である. よって, $h(x)$ は奇関数である.

(2) $f(x)$ と $g(x)$ を奇関数とし, $h(x) = f(x)g(x)$ とおくと, 仮定より $f(-x) = -f(x), g(-x) = -g(x)$ であるから,

$$h(-x) = f(-x)g(-x)$$
$$= \{-f(x)\}\{-g(x)\} = h(x)$$

である. よって, $h(x)$ は偶関数である.

9.20 $g_1(x) = \dfrac{f(x) + f(-x)}{2}$,

$g_2(x) = \dfrac{f(x) - f(-x)}{2}$ とおくと, $g_1(x)$
は偶関数, $g_2(x)$ は奇関数であり, $g_1(x) + g_2(x) = f(x)$ である. よって, $f(x)$ は偶関数と奇関数の和で表すことができる.

9.21 奇関数なので, $f(-x) = -f(x)$ である. このとき, $f(0) = -f(0)$ より, $2f(0) = 0$ ゆえに, $f(0) = 0$ である. よって, $y = f(x)$ のグラフは必ず原点を通る.

9.22 (1) $y = a + \dfrac{b - ca}{x + c}$ と変形できるので,

$a = 1$ である.

$(-2,6)$ を通ることから，$6 = \dfrac{-2+b}{-2+c}$

$(2,2)$ を通ることから，$2 = \dfrac{2+b}{2+c}$

である．これらを解いて，$b = 8$, $c = 3$ である．

(2) $y = a + \dfrac{b-ca}{x+c}$ と変形できるので，$a = -2$, $c = 2$ である．$(-1,1)$ を通ることから，$1 = \dfrac{2+b}{-1+2}$ であるので，$b = -1$ が得られる．

9.23 (1) $y = \sqrt{-x+3}$　(2) $y = \sqrt{-x} - 1$

(3) $y = \sqrt{-x-1} + 2$　(4) $y = \sqrt{-x+2} - 1$

9.24 (1) $x \leqq -1$, $\dfrac{5}{3} \leqq x < 2$

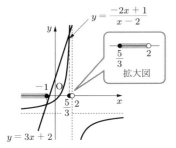

(2) $x \geqq 2 + \sqrt{6}$

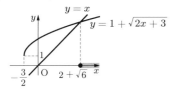

9.25 (1) $x^2 - 4x - y = 0$ を解くと，$x = 2 \pm \sqrt{4+y}$ である．$x \geqq 2$ より，$x = 2 + \sqrt{y+4}$ なので，x と y を交換して求める逆関数は $y = 2 + \sqrt{x+4}$ $(x \geqq -4)$ である．

(2) $y = \dfrac{x}{ax+b}$ の分母を払うと $axy + by = x$ である．x について整理すると $(ay-1)x = -by$ であるから，$x = -\dfrac{by}{ay-1}$ となる．x と y を交換して，$y = -\dfrac{bx}{ax-1}$ が求める逆関数である．

第4章　指数関数と対数関数

第10節　指数関数

10.1 (1) $\pm\sqrt{6}$　(2) -2, $1 \pm \sqrt{3}i$

(3) $\pm 2\sqrt{2}$, $\pm 2\sqrt{2}i$

10.2 (1) -5　(2) 3　(3) 2　(4) $\dfrac{2}{3}$

(5) 0.2　(6) 7

10.3 (1) $\sqrt[3]{25}$　(2) $\sqrt[12]{16}$　(3) $\sqrt[3]{6}$

(4) $\sqrt[4]{3}$

10.4 (1) 8　(2) 4　(3) $\dfrac{3}{2}$　(4) 3

10.5 (1) 1　(2) $\dfrac{1}{125}$　(3) $-\dfrac{1}{32}$　(4) 81

10.6 (1) 8　(2) 125　(3) $\dfrac{3}{2}$　(4) $\dfrac{9}{16}$

10.7 (1) $\sqrt[3]{a}$　(2) $\dfrac{1}{\sqrt[4]{a^3}}$　(3) $\dfrac{1}{\sqrt[6]{a^5}}$

10.8 (1) $a^{\frac{1}{5}}$　(2) $a^{\frac{4}{7}}$　(3) $a^{-\frac{1}{4}}$

10.9 (1) $\sqrt[3]{a^7}$　(2) $\sqrt{a}$　(3) $\sqrt{a}$

(4) $\sqrt[6]{a^5}$　(5) $\dfrac{1}{\sqrt[6]{a^5}}$　(6) $\dfrac{1}{\sqrt[6]{a}}$

10.10 (1) $a^{\frac{5}{2}}$　(2) $a^{\frac{3}{5}}$　(3) $a^{\frac{1}{6}}$　(4) $a^{\frac{2}{3}}$

(5) $a^{-\frac{1}{2}}$　(6) $a^{\frac{5}{6}}$

10.11 (1) y 軸に関して対称移動

(2) x 軸に関して対称移動

(3) 原点に関して対称移動

10.12 (1) 漸近線の方程式は $y = 0$（x 軸）

(2) 漸近線の方程式は $y = 0$（x 軸）

(3) 漸近線の方程式は $y = -1$

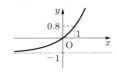

(4) 漸近線の方程式は $y = 2$

10.13 (1) $x = 6$　(2) $x = -4$

(3) $x = \dfrac{1}{7}$　(4) $x = -\dfrac{1}{6}$

10.14 (1) $x > 5$　(2) $x < 2$　(3) $x < -3$

(4) $x > 1$　(5) $x < -\dfrac{3}{2}$　(6) $x > 2$

10.15 (1) $\sqrt[3]{24} + \sqrt[3]{81} - \sqrt[3]{3}$

$= \sqrt[3]{8 \cdot 3} + \sqrt[3]{27 \cdot 3} - \sqrt[3]{3}$

$= 2\sqrt[3]{3} + 3\sqrt[3]{3} - \sqrt[3]{3} = 4\sqrt[3]{3}$

(2) $\sqrt[3]{54} + \sqrt[3]{16} - \sqrt[3]{\dfrac{1}{4}}$

$= \sqrt[3]{27 \cdot 2} + \sqrt[3]{8 \cdot 2} - \sqrt[3]{\dfrac{2}{8}}$

$= 3\sqrt[3]{2} + 2\sqrt[3]{2} - \dfrac{\sqrt[3]{2}}{2} = \dfrac{9}{2}\sqrt[3]{2}$

(3) $\sqrt[5]{27} \cdot \sqrt[5]{9} = \sqrt[5]{27 \cdot 9} = \sqrt[5]{3^5} = 3$

(4) $\sqrt[3]{144} \div \sqrt[3]{\dfrac{2}{3}} = \sqrt[3]{144 \cdot \dfrac{3}{2}} = \sqrt[3]{216}$

$= \sqrt[3]{6^3} = 6$

10.16 (1) $(2^{-3})^{\frac{5}{4}} \cdot 2^{\frac{3}{4}} = 2^{-3 \cdot \frac{5}{4} + \frac{3}{4}} = 2^{-3}$

$= \dfrac{1}{8}$

(2) $\left(27^{\frac{2}{3}} \cdot 64^{-\frac{2}{3}}\right)^{\frac{1}{2}} = \left\{(3^3)^{\frac{2}{3}} \cdot (4^3)^{-\frac{2}{3}}\right\}^{\frac{1}{2}}$

$= (3^2 \cdot 4^{-2})^{\frac{1}{2}} = 3 \cdot 4^{-1} = \dfrac{3}{4}$

(3) $3^{-2} \div 27^{\frac{4}{3}} \cdot 81^{\frac{3}{2}} = 3^{-2} \div 3^{3 \cdot \frac{4}{3}} \cdot 3^{4 \cdot \frac{3}{2}}$

$= 3^{-2-4+6} = 3^0 = 1$

(4) $16^{\frac{1}{3}} \cdot 36^{\frac{1}{3}} \div 3^{\frac{5}{3}} = (16 \cdot 36 \div 3^5)^{\frac{1}{3}}$

$= (2^4 \cdot 2^2 \cdot 3^2 \div 3^5)^{\frac{1}{3}} = (2^6 \cdot 3^{-3})^{\frac{1}{3}}$

$= 2^2 \cdot 3^{-1} = \dfrac{4}{3}$

10.17 (1) $\sqrt[3]{a^4} \sqrt[6]{a} \sqrt{a} = a^{\frac{4}{3}} a^{\frac{1}{6}} a^{\frac{1}{2}}$

$= a^{\frac{4}{3} + \frac{1}{6} + \frac{1}{2}} = a^2$

(2) $\sqrt{a} \cdot \dfrac{\sqrt[3]{a}}{\sqrt[6]{a^5}} = a^{\frac{1}{2}} a^{\frac{1}{3}} a^{-\frac{5}{6}} = a^{\frac{1}{2} + \frac{1}{3} - \frac{5}{6}}$

$= a^0 = 1$

(3) $\sqrt{a^5 \sqrt[3]{a^7}} \cdot \sqrt[3]{a} = (a^5 a^{\frac{7}{3}})^{\frac{1}{2}} \cdot a^{\frac{1}{3}}$

$= a^{(5 + \frac{7}{3})\frac{1}{2} + \frac{1}{3}} = a^4$

(4) $\sqrt[6]{a^5 b} \cdot \sqrt[3]{a^2 b} \div \sqrt{ab^{-3}}$

$= (a^5 b)^{\frac{1}{6}} \cdot (a^2 b)^{\frac{1}{3}} \cdot (ab^{-3})^{-\frac{1}{2}}$

$= a^{\frac{5}{6} + \frac{2}{3} - \frac{1}{2}} b^{\frac{1}{6} + \frac{1}{3} + \frac{3}{2}} = ab^2$

10.18 $\dfrac{a^{3x} + a^{-3x}}{a^x + a^{-x}}$

$= \dfrac{(a^x + a^{-x})(a^{2x} - a^x a^{-x} + a^{-2x})}{a^x + a^{-x}}$

$= a^{2x} - a^x a^{-x} + a^{-2x}$

$= 3 - 1 + \dfrac{1}{3} = \dfrac{7}{3}$

10.19 (1) $\left(x^{\frac{1}{2}} + y^{\frac{1}{2}}\right)\left(x^{\frac{1}{2}} - y^{\frac{1}{2}}\right)$

$= \left(x^{\frac{1}{2}}\right)^2 - \left(y^{\frac{1}{2}}\right)^2 = x - y$

(2) $\left(x^{\frac{1}{2}} + x^{-\frac{1}{2}}\right)^2$

$= \left(x^{\frac{1}{2}}\right)^2 + 2x^{\frac{1}{2}} x^{-\frac{1}{2}} + \left(x^{-\frac{1}{2}}\right)^2$

$= x + 2 + x^{-1} = x + 2 + \dfrac{1}{x}$

(3) $\left(x^{\frac{1}{3}} + x^{-\frac{1}{3}}\right)^3$

$= \left(x^{\frac{1}{3}}\right)^3 + 3\left(x^{\frac{1}{3}}\right)^2 x^{-\frac{1}{3}}$

$\quad + 3x^{\frac{1}{3}}\left(x^{-\frac{1}{3}}\right)^2 + \left(x^{-\frac{1}{3}}\right)^3$

$= x + 3x^{\frac{1}{3}} + 3x^{-\frac{1}{3}} + x^{-1}$

(4) $\left(x^{\frac{1}{3}} - y^{\frac{1}{3}}\right)\left(x^{\frac{2}{3}} + x^{\frac{1}{3}} y^{\frac{1}{3}} + y^{\frac{2}{3}}\right)$

$= \left(x^{\frac{1}{3}}\right)^3 - \left(y^{\frac{1}{3}}\right)^3 = x - y$

10.20 (1) 与えられた式を 2 乗すると, $x + 2x^0 + x^{-1} = 9$ なので, $x + x^{-1} = 7$ である.

(2) 与えられた式を 3 乗すると, $x^{\frac{3}{2}} + 3x^1 x^{-\frac{1}{2}} + 3x^{\frac{1}{2}} x^{-1} + x^{-\frac{3}{2}} = 27$ となるので, $x^{\frac{3}{2}} + x^{-\frac{3}{2}} + 3\left(x^{\frac{1}{2}} + x^{-\frac{1}{2}}\right) = 27$ である. $x^{\frac{1}{2}} + x^{-\frac{1}{2}} = 3$ なので, $x^{\frac{3}{2}} + x^{-\frac{3}{2}} = 18$ である.

(3) $\left(x^{\frac{1}{4}} + x^{-\frac{1}{4}}\right)^2 = x^{\frac{1}{2}} + 2x^0 + x^{-\frac{1}{2}} = 3 + 2 = 5$ であり, $x > 0$ より $x^{\frac{1}{4}} + x^{-\frac{1}{4}} > 0$ なので, $x^{\frac{1}{4}} + x^{-\frac{1}{4}} = \sqrt{5}$ である.

10.21 (1) それぞれを 3 乗した値は, 49, 81, 64 となり, $49 < 64 < 81$ なので, $\sqrt[3]{49} < 4 <$

$3\sqrt[3]{3}$ である.

(2) 底が 2 である指数の形で表すと, $2^{\frac{3}{4}}$, $2^{\frac{3}{5}}$, $2^{\frac{2}{3}}$ となり, 2^x は単調増加で $\frac{3}{5} < \frac{2}{3} < \frac{3}{4}$ なので,

$\sqrt[5]{2^3} < \sqrt[3]{4} < \sqrt{2\sqrt{2}}$ である.

(3) $x = a^{\frac{1}{2}} + b^{\frac{1}{2}}$, $y = (a+b)^{\frac{1}{2}}$ とおくと, $x > 0$, $y > 0$ であるので, x^2 と y^2 の大小を比較する. $x^2 = a + 2a^{\frac{1}{2}}b^{\frac{1}{2}} + b$, $y^2 = a + b$ であるので, $x^2 - y^2 = 2a^{\frac{1}{2}}b^{\frac{1}{2}} > 0$ である. よって, $x > y$ である.

10.22 (1) $y = \left(\dfrac{3}{2}\right)^x$ のグラフを x 軸方向に -2, y 軸方向に -1 だけ平行移動

(2) $y = 2^{-x}$ のグラフを x 軸方向に -2, y 軸方向に 1 だけ平行移動

(3) $y = \left(\dfrac{\sqrt{2}}{2}\right)^x$ のグラフを x 軸方向に 1, y 軸方向に 2 だけ平行移動

10.23 (1) $3^x = X$ とおくと, $9^x = (3^x)^2 = X^2$ なので, 与えられた方程式は, $X^2 - X - 6 = 0$ である. これより, $X = -2, 3$ であるが, $X = 3^x > 0$ なので, $X = 3$ である. よって, $x = 1$ である.

(2) $2^x = X$ とおくと, $2^{2x+1} = (2^x)^2 \cdot 2 = 2X^2$ であるので, 与えられた方程式は, $2X^2 + 3X - 2 = 0$ である. これより, $X = -2, \dfrac{1}{2}$ である. $X = 2^x > 0$ なので, $X = \dfrac{1}{2} = 2^{-1}$ である. よって, $x = -1$

である.

(3) $3^x = X$, $3^y = Y$ とおくと, 与えられた方程式は, $X + Y = \dfrac{28}{3}$, $XY = 3$ となる. この X, Y は, 2 次方程式 $t^2 - \dfrac{28}{3}t + 3 = 0$ の解である. この方程式は $3t^2 - 28t + 9 = 0$ となる. $(3t-1)(t-9) = 0$ より $t = \dfrac{1}{3}$, 9 であるから, $(X, Y) = \left(\dfrac{1}{3}, 9\right)$, $\left(9, \dfrac{1}{3}\right)$ である. よって, 求める解は, $(x, y) = (-1, 2), (2, -1)$ である.

(4) $2^x = X$, $2^y = Y$ とおくと, 与えられた方程式は, $X + 4 = Y$, $X^2 + 48 = Y^2$ となる. $Y = X + 4$ を代入すると, $X = 4$ が得られるので $Y = 8$ である. したがって, 求める解は $(x, y) = (2, 3)$ である.

第 11 節　対数関数

11.1 (1) 4　　(2) 3　　(3) $-\dfrac{1}{2}$　　(4) -2

(5) $\dfrac{1}{4}$　　(6) $\dfrac{3}{4}$

11.2 (1) $\log_a MN$　　(2) $\log_a \dfrac{M}{N}$

(3) $p \log_a M$

11.3 (1) 3　　(2) 3　　(3) 2　　(4) -3

(5) 1　　(6) 2

11.4 (1) $3s + t$　　(2) $4s - 3t$

(3) $2t - 2$　　(4) $\dfrac{1}{2}(2 - s)$

11.5 (1) 9　　(2) $\dfrac{3}{2}$　　(3) 2

11.6 (1) 漸近線の方程式は $x = -2$

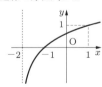

(2) 漸近線の方程式は $x = 0$（y 軸）

(3) 漸近線の方程式は $x = -1$

(4) 漸近線の方程式は $x = 0$（y 軸）

11.7 (1) $y = a^2(x - 1)$ (2) $xy^3 = 1$

(3) $y = a^{x+1} - 2$

11.8 (1) $x = 62$ (2) $x = \dfrac{28}{9}$

(3) $x = 3$ (4) $x = 5$

11.9 (1) $x \geqq 5$ (2) $\dfrac{1}{2} < x < \dfrac{3}{5}$

(3) $0 < x \leqq 3$ (4) $2 < x < 3$

11.10 (1) 1.15×10^{18}, 19 桁

(2) 7.16×10^{23}, 24 桁

(3) 9.55×10^{-7}, 小数第 7 位

(4) 1.18×10^{-12}, 小数第 12 位

11.11 1 枚通過するごとに, 光の明るさは 0.97 倍されるので, n 枚通過すると 0.97^n 倍される. 半分以下になるのは, $0.97^n \leqq 0.5$ のときであるから, $n \log_{10} 0.97 \leqq \log_{10} 0.5$ であればよい. $n \log_{10} \dfrac{9.7}{10} \leqq \log_{10} \dfrac{1}{2}$ より, $n(\log_{10} 9.7 - 1) \leqq -\log_{10} 2$ である. よって, $n \geqq \dfrac{-0.3010}{0.9868 - 1} = 22.803\cdots$ より, 23 枚.

11.12 [$a^x = M \Leftrightarrow x = \log_a M$ を用いる.]

(1) $4 = \log_2 16$ (2) $\dfrac{2}{3} = \log_{27} 9$

(3) $\log_{16} \dfrac{1}{4} = -0.5$

(4) $\log_{10} \dfrac{1}{1000} = -3$ (5) $1 = 5^0$

(6) $\dfrac{1}{4} = 2^{-2}$ (7) $4^{\frac{3}{2}} = 8$

(8) $(\sqrt{2})^4 = 4$

11.13 [$a^{\log_a M} = M$ を用いる.]

(1) x (2) $\dfrac{1}{x}$ (3) x^p (4) $\sqrt[n]{x}$

11.14 題意より, $\log_{10} 1.26 = 0.1004$, $\log_{10} 2.31 = 0.3636$ である. 対数の性質や底の変換公式を使って変形すればよい.

(1) $0.1004 + 0.3636 = 0.4640$

(2) $0.3636 - 0.1004 = 0.2632$

(3) $\dfrac{1}{3} \cdot 0.3636 = 0.1212$

(4) $\dfrac{0.3636}{0.1004} = 3.6215\cdots \fallingdotseq 3.622$

11.15 (1) $x = \log_{10} \sqrt[3]{2} = \dfrac{1}{3} \log_{10} 2$

$= \dfrac{1}{3} \cdot 0.3010 = 0.10033\cdots \fallingdotseq 0.1003$

(2) $x = \log_{10} \dfrac{1}{\sqrt{27}} = \log_{10} 3^{-\frac{3}{2}}$

$= -\dfrac{3}{2} \log_{10} 3 = -1.5 \cdot 0.4771$

$= -0.71565 \fallingdotseq -0.7157$

(3) $x = \log_{10} \sqrt{6} = \dfrac{1}{2}(\log_{10} 2 + \log_{10} 3)$

$= 0.38905 \fallingdotseq 0.3891$

(4) $x = \log_{10} \sqrt[3]{\sqrt{12}} = \log_{10} 12^{\frac{1}{6}}$

$= \dfrac{1}{6}(2\log_{10} 2 + \log_{10} 3) = 0.17985$

$\fallingdotseq 0.1799$

11.16 (1) 底を 2 にそろえる. $3\log_4 3 = 3 \cdot \dfrac{\log_2 3}{2} = \dfrac{3}{2}\log_2 3$ であり, $\dfrac{3}{2}\log_2 3 < 2\log_2 3$ である. よって, $3\log_4 3 < 2\log_2 3$ である.

(2) 底を 2 にそろえて, 真数を比較する.

$\log_4 7 = \dfrac{1}{2}\log_2 7 = \log_2 \sqrt{7}$,

$\log_8 28 = \dfrac{1}{3}\log_2 28 = \log_2 \sqrt[3]{28}$ である.

$(\sqrt{7})^6 = 7^3 = 343$, $(\sqrt[3]{28})^6 = 28^2 = 784$ より, $\sqrt{7} < \sqrt[3]{28}$ (または, $\sqrt{7} < \sqrt{9} = 3$, $3 = \sqrt[3]{27} < \sqrt[3]{28}$ より, $\sqrt{7} < \sqrt[3]{28}$)

よって, $\log_4 7 < \log_8 28$ である.

11.17 最初の濃度を a [%] とすると, 塩の量は a [g] である. 最初に取り出す 20 g の食塩水には, $\dfrac{1}{5}a$ [g] の塩が含まれるので, 残りの塩の量は $\dfrac{4}{5}a$ [g] である. 同様に考えると, n 回目の塩の量は $\left(\dfrac{4}{5}\right)^n a$ [g] である. これが, 最初の $\dfrac{1}{10}$ になることから,

$\left(\dfrac{4}{5}\right)^n a \leqq \dfrac{1}{10} a$ であればよい．つまり，

$\left(\dfrac{4}{5}\right)^n \leqq \dfrac{1}{10}$ であればよいので，両辺の

対数をとると，$n \log_{10} 0.8 \leqq -1$ となる．

$\log_{10} 0.8 = \log_{10} \dfrac{8}{10} = 3 \log_{10} 2 - 1 < 0$

であることから，$n \geqq \dfrac{-1}{3 \log_{10} 2 - 1} =$

$10.309 \cdots$ となるので，11 回目ではじめの

濃度の $\dfrac{1}{10}$ 以下になる．

11.18 (1) $a_{H+} = 10^{-7}$

(2) $-\log_{10} a_{H+} < 7$ より，$\log_{10} a_{H+} > -7$.
よって，$a_{H+} > 10^{-7}$

(3) $a_{H+} = a$ のとき $\mathrm{pH} = p$ とすると，
$p = -\log_{10} a$ である．このとき，イオン活量
が 2 倍になると，そのときの pH の値は，

$$\mathrm{pH} = -\log_{10} 2a$$
$$= -\log_{10} 2 - \log_{10} a = -\log_{10} 2 + p$$

となる．したがって，pH の値は $\log_{10} 2$ だけ
減少する．

11.19 (1) $E = 10^{1.5M+4.8}$

(2) M の値が 1 増えると，エネルギーは
$$10^{1.5(M+1)+4.8} = 10^{(1.5M+4.8)+1.5}$$
$$= 10^{1.5M+4.8} \times 10^{1.5}$$

となる．よって，エネルギーは
$$10^{1.5} = 10 \times 10^{0.5} \fallingdotseq 10 \times 3.16 = 31.6$$
倍される．

(3) 原子爆弾のエネルギーを E_H とする
と，$E_H = 10^{4.8+1.5\times5.5} = 10^{13.05}$ であ
る．一方，地震のエネルギーを E_K とする
と，$E_K = 10^{4.8+1.5\times7.9} = 10^{16.65}$ である．
よって，

$$\dfrac{10^{16.65}}{10^{13.05}} = 10^{16.65-13.05} = 10^{3.6}$$

であり，$10^{3.6} = 10^3 \times 10^{0.6} \fallingdotseq 3.98 \times 10^3 =$
3980 となるので，およそ 3980 個分に相当
する．

第5章　三角関数

第12節　正弦と余弦

12.1 (1) 辺の長さ $2\sqrt{5}$，$\sin\theta = \dfrac{\sqrt{5}}{3}$，

$\cos\theta = \dfrac{2}{3}$，$\tan\theta = \dfrac{\sqrt{5}}{2}$

(2) 辺の長さ $\sqrt{34}$，$\sin\theta = \dfrac{3\sqrt{34}}{34}$，

$\cos\theta = \dfrac{5\sqrt{34}}{34}$，$\tan\theta = \dfrac{3}{5}$

(3) 辺の長さ $\sqrt{61}$，$\sin\theta = \dfrac{6\sqrt{61}}{61}$，

$\cos\theta = \dfrac{5\sqrt{61}}{61}$，$\tan\theta = \dfrac{6}{5}$

(4) 辺の長さ $2\sqrt{10}$，$\sin\theta = \dfrac{3}{7}$，

$\cos\theta = \dfrac{2\sqrt{10}}{7}$，$\tan\theta = \dfrac{3\sqrt{10}}{20}$

(5) 辺の長さ $3\sqrt{5}$，$\sin\theta = \dfrac{\sqrt{5}}{5}$，

$\cos\theta = \dfrac{2\sqrt{5}}{5}$，$\tan\theta = \dfrac{1}{2}$

(6) 辺の長さ $2\sqrt{6}$，$\sin\theta = \dfrac{5}{7}$，

$\cos\theta = \dfrac{2\sqrt{6}}{7}$，$\tan\theta = \dfrac{5\sqrt{6}}{12}$

12.2 (1) $a = 4.5$，$b = 5.4$

(2) $a = 8.5$，$b = 7.5$

(3) $a = 4.1$，$b = 5.7$

(4) $a = 14.9$，$b = 16.0$

12.3 $322\,\mathrm{m}$

12.4 $181.2\,\mathrm{m}$

12.5 (1) $51°$　(2) $67°$　(3) $68°$

12.6 求める角を θ とすると，

$$\tan\theta = \dfrac{1}{1000} \quad \text{よって} \quad \theta = 0.057°$$

12.7 1 辺の長さ $\dfrac{20\sqrt{3}}{3}\,\mathrm{cm}$，

面積 $\dfrac{100\sqrt{3}}{3}\,\mathrm{cm}^2$

12.8 (1) $\dfrac{\pi}{3}$　(2) $\dfrac{7\pi}{6}$　(3) $\dfrac{25\pi}{18}$

(4) $\dfrac{\pi}{10}$　(5) $\dfrac{13\pi}{10}$　(6) $45°$　(7) $120°$

(8) $330°$　(9) $7.2°$　(10) $252°$

12.9 (1) $\ell = \pi$，$S = \dfrac{3}{2}\pi$

(2) $\ell = 18$, $S = 81$

12.10　(1) $\theta = 5$, $S = 90$

(2) $\theta = 5$, $\ell = 20$

(3) $r = 15$, $S = 225$

(4) $r = 2\sqrt{2}$, $\ell = 4\sqrt{2}$

(5) $r = 8$, $\theta = \dfrac{5}{8}$

12.11

(1) 　　(2)

(3) 　　(4)

(5) 　　(6)

12.12

(1) $\pi + 2\pi$　　(2) $\dfrac{5\pi}{6} - 2\pi$

(3) $\dfrac{\pi}{4} + 6\pi$　　(4) $\dfrac{4\pi}{3} - 4\pi$

(5) $\dfrac{\pi}{6} - 6\pi$

12.13　(1) $0, -1, 0$　　(2) $1, 0,$ 定義しない

12.14　(1) $\sin \dfrac{4\pi}{3} = -\dfrac{\sqrt{3}}{2}$, $\cos \dfrac{4\pi}{3} = -\dfrac{1}{2}$,

$\tan \dfrac{4\pi}{3} = \sqrt{3}$

(2) $\sin \dfrac{7\pi}{4} = -\dfrac{\sqrt{2}}{2}$, $\cos \dfrac{7\pi}{4} = \dfrac{\sqrt{2}}{2}$,

$\tan \dfrac{7\pi}{4} = -1$

(3) $\sin \dfrac{7\pi}{6} = -\dfrac{1}{2}$, $\cos \dfrac{7\pi}{6} = -\dfrac{\sqrt{3}}{2}$,

$\tan \dfrac{7\pi}{6} = \dfrac{1}{\sqrt{3}}$

12.15　(1) $\dfrac{1}{2}$　　(2) 0　　(3) $\dfrac{\sqrt{2}}{2}$

(4) $-\dfrac{\sqrt{2}}{2}$　　(5) -1　　(6) $\dfrac{\sqrt{3}}{2}$

(7) $\sqrt{3}$　　(8) 定義しない　　(9) $-\dfrac{\sqrt{3}}{3}$

12.16　(1) $\sin \left(-\dfrac{4\pi}{3} \right) = \dfrac{\sqrt{3}}{2}$, $\cos \left(-\dfrac{4\pi}{3} \right)$

$= -\dfrac{1}{2}$, $\tan \left(-\dfrac{4\pi}{3} \right) = -\sqrt{3}$

(2) $\sin \left(-\dfrac{7\pi}{4} \right) = \dfrac{\sqrt{2}}{2}$, $\cos \left(-\dfrac{7\pi}{4} \right) =$

$\dfrac{\sqrt{2}}{2}$, $\tan \left(-\dfrac{7\pi}{4} \right) = 1$

(3) $\sin \left(-\dfrac{7\pi}{6} \right) = \dfrac{1}{2}$, $\cos \left(-\dfrac{7\pi}{6} \right) =$

$-\dfrac{\sqrt{3}}{2}$, $\tan \left(-\dfrac{7\pi}{6} \right) = -\dfrac{1}{\sqrt{3}}$

12.17　(1) $-\sin \theta$　　(2) $-\cos \theta$

(3) $-\cos \theta$　　(4) $\sin \theta$

12.18　左辺 $= \dfrac{\sin \left(\theta - \dfrac{\pi}{2} \right)}{\cos \left(\theta - \dfrac{\pi}{2} \right)} = \dfrac{-\cos \theta}{\sin \theta} =$

$\dfrac{1}{-\sin \theta / \cos \theta} = -\dfrac{1}{\tan \theta} =$ 右辺

12.19　(1) $\cos \theta = -\dfrac{\sqrt{5}}{3}$, $\tan \theta = -\dfrac{2\sqrt{5}}{5}$

(2) $\sin \theta = -\dfrac{2\sqrt{2}}{3}$, $\tan \theta = -2\sqrt{2}$

(3) $\sin \theta = -\dfrac{3\sqrt{10}}{10}$, $\cos \theta = -\dfrac{\sqrt{10}}{10}$

12.20　(1) 左辺 $= \dfrac{1 + \tan^2 \theta}{1 + \tan^2 \theta} + \dfrac{1 - \tan^2 \theta}{1 + \tan^2 \theta}$

$= \dfrac{2}{1 + \tan^2 \theta} = \dfrac{2}{\dfrac{1}{\cos^2 \theta}}$

$$= 2\cos^2\theta = 右辺$$

(2) 左辺 $= \dfrac{1}{\sin\theta} - \dfrac{1}{\dfrac{\sin\theta}{\cos\theta}}$

$$= \dfrac{1}{\sin\theta} - \dfrac{\cos\theta}{\sin\theta}$$

$$= \dfrac{1-\cos\theta}{\sin\theta} = 右辺$$

(3) 左辺 $= \dfrac{1-\cos^2\theta}{1-\cos\theta}$

$$= \dfrac{(1-\cos\theta)(1+\cos\theta)}{1-\cos\theta}$$

$$= 1+\cos\theta = 右辺$$

12.21 (1) B から辺 AC に垂線 BH を下ろす
と, BH $= $ CH $= 3\sqrt{2}$, AH $= \dfrac{1}{\sqrt{3}}$ BH $= \sqrt{6}$
となるから, $x = 2$AH $= 2\sqrt{6}$, $y = $ AH $+$
CH $= 3\sqrt{2}+\sqrt{6}$

(2) $\dfrac{y}{x} = \sqrt{3}$, $\dfrac{10+x}{y} = \sqrt{3}$ を解いて,
$x = 5$, $y = 5\sqrt{3}$

12.22 最初の位置でボートから岸壁の上を見
上げたときの角を α, たぐり寄せられた位置
から岸壁の上を見上げたときの角を β, ボー
トが岸に近づいた距離を x [m] とすると,

$$\sin\alpha = \dfrac{5}{20}, \quad \sin\beta = \dfrac{5}{17},$$

$$x = 20\cos\alpha - 17\cos\beta$$

となる. これから $\alpha = 14.5°$, $\beta = 17.1°$ と
なるから, $x = 3.1$ m が得られる.

12.23 塔の高さを h [m], 近づいたあとの塔ま
での距離を x [m] とすれば, 連立方程式

$$\tan 12° = \dfrac{h}{100+x}, \quad \tan 32° = \dfrac{h}{x}$$

が成り立つ. これを解いて $x = 51.6$ m

12.24 塔の高さを h [m], 近づいたあとの塔ま
での距離を x [m] とすれば, 連立方程式

$$\tan 23° = \dfrac{h-1.6}{100+x}, \quad \tan 47° = \dfrac{h-1.6}{x}$$

が成り立つ. これを解いて $h = 71.9$ m

12.25 円の半径を r とすると, 円錐の底面の周
囲は $\dfrac{1}{2}\pi r$ であるから, 半径は $\dfrac{1}{4}r$ となる.
求める角を θ とすると,

$$\sin\dfrac{\theta}{2} = \dfrac{\dfrac{1}{4}r}{r} = \dfrac{1}{4} \quad より \quad \dfrac{\theta}{2} = 14.5°$$

よって, およそ $29°$

12.26 長針は 60 分で 1 回転するので, 1 分間
に $-\dfrac{\pi}{30}$ 回転する.

短針は 720 分で 1 回転するので, 1 分間に
$-\dfrac{\pi}{360}$ 回転する.

(1) 長針は 12 のところにあり, 短針は 4 の
ところにあることから, そのなす角は $\dfrac{2}{3}\pi$

(2) 長針は 12 のところにあり, 短針は 9 の
ところにあることから, そのなす角は $\dfrac{\pi}{2}$

(3) 長針は 11 のところにあり, 短針は 11 の
ところから 55 分間分回転しているので, その
なす角は $\dfrac{\pi}{360} \times 55 = \dfrac{11}{72}\pi$

(4) 長針は 12 のところから $\dfrac{\pi}{30} \times 40$ 回転
しており, 短針は 2 のところから $\dfrac{\pi}{360} \times 40$
回転している. 12 のところから 2 のとこ
ろのなす角は $\dfrac{\pi}{3}$ だから, そのなす角は

$$\dfrac{\pi}{30} \times 40 - \left(\dfrac{\pi}{3} + \dfrac{\pi}{360} \times 40\right) = \dfrac{8}{9}\pi$$

12.27 直線の部分と, 扇形の弧の部分とに分
けて考える. 直線の部分は, 両方の円に接し
ていることから, 中心から直線の接点へ引い
た線分と, その直線は直角に交わる. 大きい
円と小さい円の半径の差は 4 cm であり, 中
心間の距離が 8 cm であることから, 直線部
分の長さは $4\sqrt{3}$ cm と求めることができる.
また, 弧の部分の中心角は, 大きい円に接す
るのは 240° であり, 小さい円に接するのは
120° であることから, 求める長さは,

$$6 \times \dfrac{240}{180}\pi + 2 \times \dfrac{120}{180}\pi + 2 \times 4\sqrt{3}$$

$$= \dfrac{28}{3}\pi + 8\sqrt{3} \text{ [cm]}$$

12.28 (1) $\sin\theta > 0$ より, θ は第 1 象限また
は第 2 象限の角である. $\sin^2\theta + \cos^2\theta = 1$
より, $\dfrac{4}{25} + \cos^2\theta = 1$. よって, $\cos\theta = $
$\pm\dfrac{\sqrt{21}}{25}$ となる. $\tan\theta = \dfrac{\sin\theta}{\cos\theta}$ より,

$\tan\theta = \pm\dfrac{2}{\sqrt{21}}$（複号同順）となる．したがって，

θ が第 1 象限の角のとき $\cos\theta = \dfrac{\sqrt{21}}{5}$, $\tan\theta = \dfrac{2}{\sqrt{21}}$

θ が第 2 象限の角のとき，$\cos\theta = -\dfrac{\sqrt{21}}{5}$, $\tan\theta = -\dfrac{2}{\sqrt{21}}$

(2) $\cos\theta < 0$ より，θ は第 2 象限または第 3 象限の角である．$\sin^2\theta + \cos^2\theta = 1$ より，$\sin^2\theta + \dfrac{1}{25} = 1$. よって，$\sin\theta = \pm\dfrac{2\sqrt{6}}{5}$ となる．$\tan\theta = \dfrac{\sin\theta}{\cos\theta}$ より，$\tan\theta = \mp 2\sqrt{6}$（複号同順）となる．したがって，

θ が第 2 象限の角のとき $\sin\theta = \dfrac{2\sqrt{6}}{5}$, $\tan\theta = -2\sqrt{6}$

θ が第 3 象限の角のとき $\sin\theta = -\dfrac{2\sqrt{6}}{5}$, $\tan\theta = 2\sqrt{6}$

(3) $\tan\theta < 0$ より，θ は第 2 象限または第 4 象限の角である．$1 + \tan^2\theta = \dfrac{1}{\cos^2\theta}$ より，$\cos^2\theta = \dfrac{1}{1 + \left(-\dfrac{1}{2}\right)^2} = \dfrac{4}{5}$ である．よって，$\cos\theta = \pm\dfrac{2\sqrt{5}}{5}$ となる．

また，$\sin\theta = \tan\theta\cos\theta = \mp\dfrac{\sqrt{5}}{5}$（複号同順）となる．したがって，

θ が第 2 象限の角のとき $\sin\theta = \dfrac{\sqrt{5}}{5}$, $\cos\theta = -\dfrac{2\sqrt{5}}{5}$

θ が第 4 象限の角のとき $\sin\theta = -\dfrac{\sqrt{5}}{5}$, $\cos\theta = \dfrac{2\sqrt{5}}{5}$

12.29 (1) 左辺 $= \dfrac{(1+\sin\theta)(1-\sin\theta)}{\cos\theta(1-\sin\theta)}$

$= \dfrac{1-\sin^2\theta}{\cos\theta(1-\sin\theta)}$

$= \dfrac{\cos^2\theta}{\cos\theta(1-\sin\theta)}$

$= \dfrac{\cos\theta}{1-\sin\theta} = $ 右辺

(2) 左辺 $= \dfrac{1}{\sin\theta} - \dfrac{\sin^2\theta}{\sin\theta} = \dfrac{1-\sin^2\theta}{\sin\theta}$

$= \dfrac{\cos^2\theta}{\sin\theta}$

右辺 $= \dfrac{\cos\theta}{\dfrac{\sin\theta}{\cos\theta}} = \dfrac{\cos^2\theta}{\sin\theta}$

(3) 左辺 $= \dfrac{\sin^2\theta + \cos^2\theta - 2\sin^2\theta}{\cos\theta + \sin\theta}$

$= \dfrac{\cos^2\theta - \sin^2\theta}{\cos\theta + \sin\theta}$

$= \dfrac{(\cos\theta+\sin\theta)(\cos\theta-\sin\theta)}{\cos\theta + \sin\theta}$

$= \cos\theta - \sin\theta = $ 右辺

(4) 左辺
$= \tan^2\theta + (1 - \tan^2\theta)(1 + \tan^2\theta)\cos^2\theta$

$= \tan^2\theta + (1 - \tan^2\theta)\dfrac{1}{\cos^2\theta}\cos^2\theta$

$= \tan^2\theta + 1 - \tan^2\theta$

$= 1 = $ 右辺

第 13 節　三角関数の基本性質と方程式・不等式

13.1 n は整数とする．

(1) $\dfrac{\pi}{6} + 2n\pi$, $\dfrac{5\pi}{6} + 2n\pi$

(2) $\dfrac{5\pi}{4} + 2n\pi$, $\dfrac{7\pi}{4} + 2n\pi$

(3) $\dfrac{\pi}{6} + 2n\pi$, $\dfrac{11\pi}{6} + 2n\pi$

(4) $\dfrac{2\pi}{3} + 2n\pi$, $\dfrac{4\pi}{3} + 2n\pi$

13.2 (1) 振幅：5，周期：2π

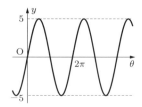

(2) 振幅：3，周期：2π

(3) 振幅：1，周期：$\dfrac{2\pi}{5}$

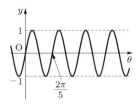

(4) 振幅：1，周期：6π

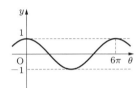

(5) 振幅：2，周期：2π

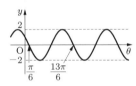

(6) 振幅：1，周期：2π

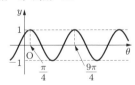

13.3 n は整数とする．

(1) $\dfrac{3\pi}{4}+n\pi$　　(2) $\dfrac{\pi}{3}+n\pi$

(3) $\dfrac{5\pi}{6}+n\pi$

13.4 (1) $x=\dfrac{\pi}{6},\ \dfrac{5\pi}{6}$

(2) $x=\dfrac{5\pi}{6},\ \dfrac{7\pi}{6}$

(3) $x=\dfrac{\pi}{3},\ \dfrac{4\pi}{3}$　　(4) $x=\dfrac{\pi}{6}$

(5) $x=\pi$　　(6) $x=0,\ \pi$

13.5 (1) $\dfrac{\pi}{3}<x<\dfrac{2\pi}{3}$

(2) $\dfrac{\pi}{2}\leqq x\leqq\dfrac{3\pi}{2}$

(3) $\dfrac{\pi}{2}<x<\dfrac{3\pi}{4},\ \dfrac{3\pi}{2}<x<\dfrac{7\pi}{4}$

(4) $\pi<x<2\pi$

(5) $0\leqq x\leqq\dfrac{\pi}{3},\ \dfrac{5\pi}{3}\leqq x<2\pi$

(6) $\dfrac{\pi}{3}<x<\dfrac{\pi}{2},\ \dfrac{4\pi}{3}<x<\dfrac{3\pi}{2}$

13.6 (1) ④　(2) ①　(3) ④　(4) ③

13.7 (1) 周期：π

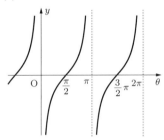

(2) 周期：π

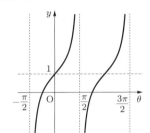

(3) 周期：2π

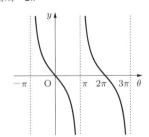

13.8 (1) $2x=X$ とおくと，$0\leqq X<4\pi$ であり，この範囲で $\sin X=\dfrac{1}{\sqrt{2}}$ を解く．

$X=\dfrac{\pi}{4},\ \dfrac{3\pi}{4},\ \dfrac{9\pi}{4},\ \dfrac{11\pi}{4}$ であるので，

$x = \dfrac{\pi}{8}, \dfrac{3\pi}{8}, \dfrac{9\pi}{8}, \dfrac{11\pi}{8}$

(2) $2x + \dfrac{\pi}{2} = X$ とおくと，$\dfrac{\pi}{2} \leqq X < \dfrac{9\pi}{2}$

であり，この範囲で $\tan X = \dfrac{1}{\sqrt{3}}$ を解く．

$X = \dfrac{7\pi}{6}, \dfrac{13\pi}{6}, \dfrac{19\pi}{6}, \dfrac{25\pi}{6}$ であるので，

$x = \dfrac{\pi}{3}, \dfrac{5\pi}{6}, \dfrac{4\pi}{3}, \dfrac{11\pi}{6}$

(3) $\sin^2 x = 1 - \cos^2 x$ より，$4\cos^2 x + 3(1 - \cos^2 x) = 3$ である．整理すると，$\cos^2 x = 0$ より $\cos x = 0$ となる．これを解いて，$\dfrac{\pi}{2}, \dfrac{3\pi}{2}$

(4) $\cos^2 x = 1 - \sin^2 x$ より $1 - \sin^2 x = 3\sin^2 x$ である．整理すると，$4\sin^2 x = 1$ より $\sin x = \pm\dfrac{1}{2}$ となる．これを解いて，$x = \dfrac{\pi}{6}, \dfrac{5\pi}{6}, \dfrac{7\pi}{6}, \dfrac{11\pi}{6}$

(5) $\tan x = \dfrac{\sin x}{\cos x}$ を代入して，$\dfrac{\sin x}{\cos x} + 2\sin x = 0$ である．$\sin x\left(\dfrac{1}{\cos x} + 2\right) = 0$ より，$\sin x = 0$ または $\cos x = -\dfrac{1}{2}$ となる．これを解いて，$x = 0, \dfrac{2\pi}{3}, \dfrac{4\pi}{3}, \pi$

(6) $\sin x(\sin x - 1) = 0$ となるので，$\sin x = 0$ または $\sin x = 1$ である．これを解いて，$x = 0, \dfrac{\pi}{2}, \pi$

(7) $(2\cos x - 1)(\cos x + 1) = 0$ となるので，$\cos x = -1$ または $\cos x = \dfrac{1}{2}$ である．これを解いて，$x = \dfrac{\pi}{3}, \pi, \dfrac{5\pi}{3}$

13.9 (1) $2x = X$ とおくと，$0 \leqq X < 4\pi$ となるので，この範囲で $\sin X \leqq 0$ を解く．$X = 0, \pi \leqq X \leqq 2\pi, 3\pi \leqq X < 4\pi$ となる．したがって，$x = 0, \dfrac{\pi}{2} \leqq x \leqq \pi, \dfrac{3\pi}{2} \leqq x < 2\pi$

(2) $x + \dfrac{\pi}{3} = X$ とおくと，$\dfrac{\pi}{3} \leqq X < \dfrac{7\pi}{3}$ である．この範囲で，$2\cos X \geqq 1$ を解く．$X = \dfrac{\pi}{3}, \dfrac{5\pi}{3} \leqq X < \dfrac{7\pi}{3}$ となるので，$x = 0, \dfrac{4\pi}{3} \leqq x < 2\pi$

(3) $-\dfrac{1}{2} < \sin x < \dfrac{1}{2}$ より，$0 \leqq x < \dfrac{\pi}{6}$，$\dfrac{5\pi}{6} < x < \dfrac{7\pi}{6}, \dfrac{11\pi}{6} < x < 2\pi$

(4) $\cos x(\cos x - 2) \geqq 0$ より $\cos x \leqq 0$ であればよい．よって，$\dfrac{\pi}{2} \leqq x \leqq \dfrac{3\pi}{2}$

13.10 (1) $(\sin\theta + \cos\theta)^2 = \dfrac{36}{25}$ より，

$$\sin\theta\cos\theta = \dfrac{1}{2}\left(\dfrac{36}{25} - 1\right) = \dfrac{11}{50}$$

(2) 与式
$= (\sin\theta + \cos\theta)(\sin^2\theta - \sin\theta\cos\theta + \cos^2\theta)$
$= \dfrac{6}{5}\left(1 - \dfrac{11}{50}\right) = \dfrac{117}{125}$

(3) 与式
$= (\sin^2\theta + \cos^2\theta)^2 - 2\sin^2\theta\cos^2\theta$
$= 1 - 2 \times \left(\dfrac{11}{50}\right)^2 = \dfrac{1129}{1250}$

13.11 解と係数の関係から，$\sin\theta + \cos\theta = a$, $\sin\theta\cos\theta = a$ である．
$(\sin\theta + \cos\theta)^2 = a^2$ より，$1 + 2\sin\theta\cos\theta = a^2$ となる．$\sin\theta\cos\theta = a$ より，$a^2 - 2a - 1 = 0$ となるので，これを解いて $a = 1 \pm \sqrt{2}$ である．
$|a| = |\sin\theta||\cos\theta| \leqq 1$ に注意して，
$$a = 1 - \sqrt{2}$$

13.12 (1) $f(x) = \left(\sin x - \dfrac{1}{2}\right)^2 + \dfrac{3}{4}$ と変形する．$\sin x = \dfrac{1}{2}$ のとき最小値，$\sin x = -1$ のとき最大値をとる．したがって，

最小値 $\dfrac{3}{4}$ $\left(x = \dfrac{\pi}{6} + 2n\pi, \dfrac{5}{6}\pi + 2n\pi\right)$

最大値 3 $\left(x = \dfrac{3}{2}\pi + 2n\pi\right)$ （n は整数）

(2) $f(x) = 1 - \cos^2 x - 2\cos x - 1 = -\cos^2 x - 2\cos x = -(\cos x + 1)^2 + 1$ と変形する．$\cos x = -1$ のとき最大値をとる．したがって，
最大値 1 $(x = (2n + 1)\pi)$ （n は整数）

(3) $f(x) = -\cos^2 x - 2a\cos x - a + 1 = -(\cos x + a)^2 + a^2 - a + 1$ と変形できる．このとき，$-1 \leqq \cos x \leqq 1$ に注意して，$a > 1$ のとき，$\cos x = -1$ で最大値をとる．$-1 \leqq a \leqq 1$ のとき，$\cos x = a$ で最大値を

とる.

$a < -1$ のとき, $\cos x = 1$ で最大値をとる.
したがって,

- $a > 1$ のとき最大値 a $(x = (2n+1)\pi)$
- $-1 \leqq a \leqq 1$ のとき最大値 $a^2 - a + 1$
  $(\cos x = a$ となる $x)$
- $a < -1$ のとき最大値 $-3a$ $(x = 2n\pi)$
  $(n$ は整数$)$

第 14 節　三角関数の加法定理

14.1 (1) いずれも $\dfrac{\sqrt{3}}{2}$

(2) いずれも $\dfrac{1}{2}$

14.2 $\tan(\alpha+\beta) = -1, \tan(\alpha-\beta) = -\dfrac{1}{7}$

14.3 (1) $\dfrac{\sqrt{2}(1+\sqrt{3})}{4}$

(2) $\dfrac{\sqrt{2}(1-\sqrt{3})}{4}$

(3) $-(\sqrt{3}+2)$ (4) $\dfrac{\sqrt{2}(\sqrt{3}-1)}{4}$

(5) $-\dfrac{\sqrt{2}(\sqrt{3}+1)}{4}$ (6) $\sqrt{3}-2$

14.4 (1) $-\dfrac{2\sqrt{2}}{3}$ (2) $-\dfrac{\sqrt{5}}{3}$

(3) $-\dfrac{\sqrt{2}}{4}$ (4) $\dfrac{2(\sqrt{10}-1)}{9}$

(5) $\dfrac{4\sqrt{2}+\sqrt{5}}{9}$ (6) $\dfrac{2(\sqrt{5}-\sqrt{2})}{3}$

(7) $-\dfrac{2(1+\sqrt{10})}{9}$ (8) $\dfrac{4\sqrt{2}-\sqrt{5}}{9}$

(9) $-\dfrac{2(\sqrt{2}+\sqrt{5})}{3}$

14.5 $\sin 2\alpha = \dfrac{120}{169}, \cos 2\alpha = \dfrac{119}{169},$

$\sin\dfrac{\alpha}{2} = \dfrac{5\sqrt{26}}{26}, \cos\dfrac{\alpha}{2} = -\dfrac{\sqrt{26}}{26}$

14.6 (1) $\dfrac{2+\sqrt{3}}{4}$ (2) $\dfrac{1}{4}$ (3) $\dfrac{\sqrt{2}}{2}$

(4) $\dfrac{\sqrt{2}}{2}$

14.7 (1) $-\dfrac{1}{2}(\cos 3x - \cos x)$

(2) $\dfrac{1}{2}\sin 2x$ (3) $\dfrac{1}{2}(\sin 5x + \sin x)$

14.8 (1) $2\sin 5x \cos 4x$

(2) $-2\sin\dfrac{19x}{20}\sin\dfrac{x}{20}$

(3) $2\cos 2x \sin x$

(4) $2\cos 3x \cos x$

14.9 (1) $y = 2\sin\left(x+\dfrac{\pi}{3}\right)$, 振幅 2

(2) $y = 2\sqrt{2}\sin\left(x+\dfrac{7\pi}{4}\right)$, 振幅 $2\sqrt{2}$

14.10 n は整数とする.

(1) $y = \sqrt{2}\sin\left(x+\dfrac{\pi}{4}\right)$

$x = \dfrac{\pi}{4}+2n\pi$ のとき最大値 $\sqrt{2}$,

$x = \dfrac{5\pi}{4}+2n\pi$ のとき最小値 $-\sqrt{2}$

(2) $y = 5\sqrt{2}\sin\left(x+\dfrac{3\pi}{4}\right)$

$x = \dfrac{7\pi}{4}+2n\pi$ のとき最大値 $5\sqrt{2}$,

$x = \dfrac{3\pi}{4}+2n\pi$ のとき最小値 $-5\sqrt{2}$

14.11 (1) 左辺 $= (\sin\theta+\cos\theta)^2$

$= \sin^2\theta + 2\sin\theta\cos\theta + \cos^2\theta$

$= 1 + \sin 2\theta =$ 右辺

(2) 左辺 $= \cos^4\theta - \sin^4\theta$

$= (\cos^2\theta+\sin^2\theta)(\cos^2\theta-\sin^2\theta)$

$= \cos^2\theta - \sin^2\theta = \cos 2\theta =$ 右辺

(3) 左辺 $= (1-\cos\theta)^2 + \sin^2\theta$

$= 1 - 2\cos\theta + \cos^2\theta + \sin^2\theta$

$= 2(1-\cos\theta) = 4\sin^2\dfrac{\theta}{2} =$ 右辺

14.12 (1) $\sin\alpha = -\sqrt{1-\dfrac{9}{16}} = -\dfrac{\sqrt{7}}{4}$ で

あるので

$\sin\left(\alpha-\dfrac{5\pi}{3}\right) = \sin\alpha\cos\dfrac{5\pi}{3} - \cos\alpha\sin\dfrac{5\pi}{3}$

$= -\dfrac{\sqrt{7}}{4}\cdot\dfrac{1}{2} - \dfrac{3}{4}\cdot\left(-\dfrac{\sqrt{3}}{2}\right)$

$= \dfrac{-\sqrt{7}+3\sqrt{3}}{8}$

(2) $\sin\alpha = \sqrt{1-\dfrac{16}{25}} = \dfrac{3}{5}$ であるので

$\cos\left(\alpha+\dfrac{2\pi}{3}\right)$

$$= \cos\alpha \cdot \cos\frac{2\pi}{3} - \sin\alpha \cdot \sin\frac{2\pi}{3}$$

$$= \frac{4}{5} \cdot \left(-\frac{1}{2}\right) - \frac{3}{5} \cdot \frac{\sqrt{3}}{2}$$

$$= \frac{-4 - 3\sqrt{3}}{10} = -\frac{4 + 3\sqrt{3}}{10}$$

(3) $\cos\alpha = -\sqrt{1 - \frac{1}{9}} = -\frac{2\sqrt{2}}{3}$ である

ので

$$\cos\left(\alpha - \frac{7\pi}{6}\right)$$

$$= \cos\alpha \cos\frac{7\pi}{6} + \sin\alpha \sin\frac{7\pi}{6}$$

$$= -\frac{2\sqrt{2}}{3} \cdot \left(-\frac{\sqrt{3}}{2}\right) + \frac{1}{3}\left(-\frac{1}{2}\right)$$

$$= \frac{2\sqrt{6} - 1}{6}$$

(4) $\tan\left(\alpha + \frac{4\pi}{3}\right) = \dfrac{\tan\alpha + \tan\frac{4\pi}{3}}{1 - \tan\alpha \cdot \tan\frac{4\pi}{3}}$

$$= \frac{2 + \sqrt{3}}{1 - 2 \cdot \sqrt{3}}$$

$$= \frac{2 + \sqrt{3}}{1 - 2\sqrt{3}}$$

$$= \frac{(2 + \sqrt{3})(1 + 2\sqrt{3})}{(1 - 2\sqrt{3})(1 + 2\sqrt{3})}$$

$$= \frac{8 + 5\sqrt{3}}{-11} = -\frac{8 + 5\sqrt{3}}{11}$$

14.13 [第 1 象限の角だから $\sin\theta > 0$ なので，$\sin\theta = \sqrt{1 - a^2}$ であることに注意する．]

(1) $\cos 2\theta = 2\cos^2\theta - 1 = 2a^2 - 1$

(2) $\sin 2\theta = 2\sin\theta\cos\theta = 2a\sqrt{1 - a^2}$

(3) $\tan 2\theta = \dfrac{\sin 2\theta}{\cos 2\theta} = \dfrac{2a\sqrt{1 - a^2}}{2a^2 - 1}$

14.14 (1) $\cos^2\dfrac{\pi}{8} = \dfrac{1}{2}\left(1 + \cos\dfrac{\pi}{4}\right)$

$= \dfrac{1}{4}(2 + \sqrt{2})$ だから，$\cos\dfrac{\pi}{8} > 0$ より

$$\cos\frac{\pi}{8} = \frac{1}{2}\sqrt{2 + \sqrt{2}}$$

(2) $\cos^2\dfrac{\pi}{16} = \dfrac{1}{2}\left(1 + \cos\dfrac{\pi}{8}\right)$ だから，

$\cos\dfrac{\pi}{16} > 0$ より

$$\cos\frac{\pi}{16} = \sqrt{\frac{1}{2}\left(1 + \frac{1}{2}\sqrt{2 + \sqrt{2}}\right)}$$

$$= \frac{1}{2}\sqrt{2 + \sqrt{2 + \sqrt{2}}}$$

(3) $\cos^2\dfrac{\pi}{32} = \dfrac{1}{2}\left(1 + \cos\dfrac{\pi}{16}\right)$ だから，

$\cos\dfrac{\pi}{32} > 0$ より

$$\cos\frac{\pi}{32} = \sqrt{\frac{1}{2}\left(1 + \frac{1}{2}\sqrt{2 + \sqrt{2 + \sqrt{2}}}\right)}$$

$$= \frac{1}{2}\sqrt{2 + \sqrt{2 + \sqrt{2 + \sqrt{2}}}}$$

14.15 左辺 $= 2\sin\left(x + \dfrac{\alpha + \beta}{2}\right)\cos\left(\dfrac{\alpha - \beta}{2}\right)$

となるので，

$$\sin\left(x + \frac{\alpha + \beta}{2}\right) = \pm\sin x \quad \cdots ①$$

$$\cos\left(\frac{\alpha - \beta}{2}\right) = \pm\frac{\sqrt{2}}{2} \quad \cdots ②$$

（複号同順）であればよい．

① より，$\dfrac{\alpha + \beta}{2} = n\pi$（$n$ は整数）であるが，$-\pi \leq \alpha + \beta \leq \pi$ なので，$\alpha + \beta = 0$ となり，①，②の複号はともに＋に限られる．このことから，$\beta = -\alpha$ である．これを ② に代入して，$\cos\alpha = \dfrac{\sqrt{2}}{2}$ より，

$$\alpha = \pm\frac{\pi}{4}, \quad \beta = \mp\frac{\pi}{4} \quad （複号同順）$$

14.16 (1) $\sin 2x + \sin x = 2\sin x\cos x + \sin x = \sin x(2\cos x + 1)$ となるから，与えられた方程式は $\sin x(2\cos x + 1) = 0$ となる．よって，$\sin x = 0$ または $2\cos x + 1 = 0$ である．

$\sin x = 0$ より $x = n\pi$，

$\cos x = -\dfrac{1}{2}$ より $x = \dfrac{2\pi}{3} + 2n\pi, \ \dfrac{4\pi}{3} + 2n\pi$

（n は整数）

(2) $\cos 2x + \cos x = 2\cos^2 x - 1 + \cos x = 2\cos^2 x + \cos x - 1 = (2\cos x - 1)(\cos x + 1)$ となるから，与えられた方程式は $(2\cos x - 1)(\cos x + 1) = 0$ となる．

よって, $2\cos x - 1 = 0$ または $\cos x + 1 = 0$ である.

$\cos x = \dfrac{1}{2}$ より $x = \dfrac{\pi}{3} + 2n\pi$, $\dfrac{5\pi}{3} + 2n\pi$,

$\cos x = -1$ より $x = (2n+1)\pi$ (n は整数)

(3) $\sqrt{3}\sin x + \cos x = 2\sin\left(x + \dfrac{\pi}{6}\right)$ より,

$2\sin\left(x + \dfrac{\pi}{6}\right) = 1$ となり, $\sin\left(x + \dfrac{\pi}{6}\right) = \dfrac{1}{2}$

よって, $x + \dfrac{\pi}{6} = \dfrac{\pi}{6} + 2n\pi$, $\dfrac{5\pi}{6} + 2n\pi$ より

$x = 2n\pi$, $\dfrac{2\pi}{3} + 2n\pi$ (n は整数)

14.17 (1) $\sqrt{2}\sin\left(x + \dfrac{\pi}{4}\right) \geqq 0$ より, $0 \leqq x \leqq \dfrac{3\pi}{4}$, $\dfrac{7\pi}{4} \leqq x < 2\pi$

(2) $2\sin x\cos x \geqq 2\sin x$ より $\sin x(\cos x - 1) \geqq 0$ となる. $\cos x \leqq 1$ より $\sin x \leqq 0$ または $\cos x = 1$. したがって, $x = 0$, $\pi \leqq x < 2\pi$

(3) $2\sin x\cos x \geqq 2\cos x$ より $\cos x(\sin x - 1) \geqq 0$ となる. $\sin x \leqq 1$ より $\cos x \leqq 0$ または $\sin x = 1$. したがって, $\dfrac{\pi}{2} \leqq x \leqq \dfrac{3\pi}{2}$

14.18 (1) $f(x) = \sqrt{5}\sin(x + \alpha)$, 最大値 $\sqrt{5}$, 最小値 $-\sqrt{5}$, α は図を満たすような角度である.

(2) $f(x) = 5\sin(x + \alpha)$, 最大値 5, 最小値 -5, α は図を満たすような角度である.

(3) $f(x) = \sqrt{26}\sin(x + \alpha)$, 最大値 $\sqrt{26}$, 最小値 $-\sqrt{26}$, α は図を満たすような角度である.

(4) $f(x) = \sqrt{13}\sin(x + \alpha)$, 最大値 $\sqrt{13}$, 最小値 $-\sqrt{13}$, α は図を満たすような角度である.

なお, すべての問題で, $f(x)$ が最大となるのは $x = \dfrac{\pi}{2} - \alpha + 2n\pi$, 最小となるのは $x = \dfrac{3\pi}{2} - \alpha + 2n\pi$ のとき (n は整数) である.

14.19 (1) 円の中心と正 n 角形の頂点を結んでできる n 個の二等辺三角形は, 頂角の大きさが $\dfrac{2\pi}{n}$ であるから, 底辺の長さは $2\sin\dfrac{\pi}{n}$ となる. したがって, 正 n 角形の周囲の長さは $a_n = 2n\sin\dfrac{\pi}{n}$ である.

(2) 加法定理から,

$$\begin{aligned}
\sin\frac{\pi}{12} &= \sin\left(\frac{\pi}{3} - \frac{\pi}{4}\right)\\
&= \sin\frac{\pi}{3}\cos\frac{\pi}{4} - \cos\frac{\pi}{3}\sin\frac{\pi}{4}\\
&= \frac{\sqrt{3}}{2}\frac{\sqrt{2}}{2} - \frac{1}{2}\frac{\sqrt{2}}{2}\\
&= \frac{\sqrt{2}(\sqrt{3} - 1)}{4}
\end{aligned}$$

である. したがって,

$$\begin{aligned}
a_{12} &= 2 \cdot 12 \cdot \frac{\sqrt{2}\left(\sqrt{3} - 1\right)}{4}\\
&= 6\sqrt{2}\left(\sqrt{3} - 1\right)
\end{aligned}$$

(3) $\sqrt{2} > 1.41$, $\sqrt{3} > 1.73$ であるから,

$$a_{12} > 6 \cdot 1.41 \cdot (1.73 - 1) = 6.1758$$

となる. また, 単位円の円周の長さは 2π で

あり，内接する正 n 角形の周囲よりも長い．したがって，

$$\pi > \frac{6.1758}{2} = 3.0879 > 3.08$$

第 15 節　三角形への応用

15.1　(1) $\dfrac{\sqrt{3}}{2}$　　(2) $-\dfrac{\sqrt{3}}{2}$　　(3) -1

15.2　(1) $b = 4\sqrt{2}$　　(2) $c = \dfrac{10\sqrt{6}}{3}$

　　(3) $a = 5\sqrt{2}$　(4) $R = 2$　(5) $A = 135°$

15.3　(1) $c = \sqrt{19}$　　(2) $a = \sqrt{5\sqrt{2} + 26}$
　　(3) $B = 60°$

15.4　(1) $S = \dfrac{3\sqrt{3}}{2}$　　(2) $S = \dfrac{15\sqrt{2}}{4}$

15.5　(1) $\sin A = \dfrac{\sqrt{5}}{3}$, $S = 2\sqrt{5}$

　　(2) $\sin A = \dfrac{5\sqrt{3}}{14}$, $S = 10\sqrt{3}$

15.6　(1) $6\sqrt{14}$　　(2) $\dfrac{15\sqrt{7}}{4}$

15.7　正弦定理を用いる．

　(1) $\dfrac{12}{\sin 52°} = \dfrac{c}{\sin 33°}$ より

$$c = \frac{12}{\sin 52°}\sin 33° \fallingdotseq \frac{12}{0.7780} \cdot 0.5446$$
$$= 8.2934\cdots \fallingdotseq 8.3$$

　(2) $C = 180° - (38° + 64°) = 78°$ であるので，$\dfrac{10}{\sin 78°} = \dfrac{a}{\sin 38°}$ より

$$a = \frac{10}{\sin 78°}\sin 38° \fallingdotseq \frac{10}{0.9781} \cdot 0.6157$$
$$= 6.2948\cdots \fallingdotseq 6.3$$

　(3) $\dfrac{5}{\sin 123°} = \dfrac{2}{\sin B}$ より

$$\sin B = \frac{2\sin 123°}{5} \fallingdotseq \frac{2 \cdot 0.8387}{5} = 0.33548$$

したがって，三角関数表より $B \fallingdotseq 20°$ を得る．

　(4) $\dfrac{11}{\sin 49°} = \dfrac{7}{\sin C}$ より

$$\sin C = \frac{7\sin 49°}{11}$$
$$\fallingdotseq \frac{7 \cdot 0.7574}{11} = 0.48026\cdots$$

したがって，三角関数表より $C \fallingdotseq 29°$ を得る．

15.8　余弦定理を用いる．

　(1) $c^2 = 7^2 + 2^2 - 2 \cdot 2 \cdot 7 \cdot \cos 56° \fallingdotseq 49 + 4 + 28 \cdot 0.5592 = 37.3424$
よって，$c = \sqrt{37.3424} = 6.11084\cdots \fallingdotseq 6.1$

　(2) $a^2 = 3^2 + 4^2 - 2 \cdot 3 \cdot 4 \cdot \cos 99° \fallingdotseq 9 + 16 - 24 \cdot (-0.1564) = 28.7536$
よって，$a = \sqrt{28.7536} = 5.35224\cdots \fallingdotseq 5.4$

　(3) $\cos B = \dfrac{3^2 + 6^2 - 5^2}{2 \cdot 3 \cdot 6} = \dfrac{20}{36} = 0.5555\cdots$
三角関数表より $B \fallingdotseq 56°$ を得る．

15.9　(1) R を $\triangle ABC$ の外接円の半径とするとき，正弦定理より，$\sin A = \dfrac{a}{2R}$, $\sin B = \dfrac{b}{2R}$ である．これらを代入して整理すると，$a^2 = b^2$ が得られる．
よって，$a = b$ の二等辺三角形である．

　(2) 余弦定理より，$\cos A = \dfrac{b^2 + c^2 - a^2}{2bc}$, $\cos B = \dfrac{c^2 + a^2 - b^2}{2ca}$ である．これらを代入して整理すると，$(a+b)(a-b)(a^2 + b^2 - c^2) = 0$ より，$a - b = 0$ または $a^2 + b^2 - c^2 = 0$ が得られる．
よって，$a = b$ の二等辺三角形，または $C = 90°$ の直角三角形である．

15.10　(1) $\dfrac{1}{2} \cdot 6 \cdot 6 \sin 30° = 9$

　(2) $\dfrac{1}{2} \cdot 5 \cdot 8 \cdot \sin 38° \fallingdotseq 20 \cdot 0.6157 = 12.314 \fallingdotseq 12.3$

　(3) $\dfrac{1}{2} \cdot 2 \cdot 9 \cdot \sin 119° \fallingdotseq 9 \cdot 0.8746 = 7.8714 \fallingdotseq 7.9$

15.11　対角線の交点を O とし，OA $= a$, OB $= b$, OC $= c$, OD $= d$, $\angle AOB = \theta$, AC $= l$, BD $= m$ とする．

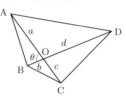

$$S = \triangle ABO + \triangle ODA + \triangle OCD + \triangle OBC$$

$$= \frac{1}{2}ab\sin\theta + \frac{1}{2}ad\sin(\pi - \theta)$$
$$+ \frac{1}{2}cd\sin\theta + \frac{1}{2}bc\sin(\pi - \theta)$$
$$= \frac{1}{2}(ab + ad + bc + cd)\sin\theta$$
$$= \frac{1}{2}\{a(b+d) + c(b+d)\}\sin\theta$$
$$= \frac{1}{2}(am + cm)\sin\theta$$
$$= \frac{1}{2}(a + c)m\sin\theta$$
$$= \frac{1}{2}lm\sin\theta$$

第6章　平面図形

第16節　点と直線

16.1　(1) 8　　(2) 4　　(3) $\pi - \sqrt{5}$

16.2　$x = \dfrac{m(-a) + n \cdot a}{m + n} = \dfrac{-m + n}{m + n}a$

16.3　(1) 2　　(2) $-\dfrac{1}{7}$　　(3) $\dfrac{1}{2}$　　(4) 1

16.4　(1) $\left(-3, \dfrac{7}{2}\right)$　　(2) $(-1, 5)$

16.5　(1) $(-1, -2)$　　(2) $\left(\dfrac{5}{3}, -\dfrac{4}{3}\right)$

16.6　$(-2, -1)$

16.7　(1) $\sqrt{34}$　　(2) $2\sqrt{10}$　　(3) $3\sqrt{2}$
　　(4) $2\sqrt{13}$

16.8　(1) $(3, 0)$　　(2) $(0, 6)$

16.9　(1) $2x - y - 4 = 0$　　(2) $3x + y + 5 = 0$

16.10　(1) $4x + y - 2 = 0$　　(2) $3x - y - 1 = 0$
　　(3) $y = 3$　　(4) $x = 2$

16.11

(1) 　(2)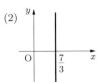

(3)

16.12　(1) $2x - 3y - 8 = 0$
　　(2) $5x + 2y - 1 = 0$
　　(3) $y = -2$　　(4) $x = 1$

16.13　(1) $x + y + 1 = 0$　　(2) $7x - 2y - 11 = 0$
　　(3) $x = 1$　　(4) $y = -2$

16.14　求める点 B の座標を (p, q) とする. 直線 ℓ の傾きは -2 で, 直線 AB の傾きは $\dfrac{q - 3}{p + 4}$ である. 直線 ℓ と直線 AB は垂直であるから,

$$-2\frac{q - 3}{p + 4} = -1 \quad \text{よって} \quad p - 2q = -10$$

である. また, AB の中点 $\left(\dfrac{p - 4}{2}, \dfrac{q + 3}{2}\right)$ が直線 ℓ 上にあることから,

$$2\frac{p - 4}{2} + \frac{q + 3}{2} - 5 = 0$$

よって　$2p + q = 15$

である. これらの式から, $p = 4, q = 7$ が得られるので, $\text{B}(4, 7)$ となる.

16.15　$\text{A}(x_1, y_1)$, $\text{B}(x_2, y_2)$, $\text{C}(x_3, y_3)$ とすると,

$$\frac{x_1 + x_2}{2} = 2, \quad \frac{y_1 + y_2}{2} = 1,$$
$$\frac{x_2 + x_3}{2} = 1, \quad \frac{y_2 + y_3}{2} = 3,$$
$$\frac{x_3 + x_1}{2} = -1, \quad \frac{y_3 + y_1}{2} = 2$$

である. これを解いて, $x_1 = 0$, $y_1 = 0$, $x_2 = 4$, $y_2 = 2$, $x_3 = -2$, $y_3 = 4$ を得る.
したがって, 求める座標は, $\text{A}(0, 0)$, $\text{B}(4, 2)$, $\text{C}(-2, 4)$ となる.

16.16　(1) 点 E は線分 AC の中点であるから, 座標は $\left(0, \dfrac{5}{2}\right)$ である.

(2) 点 D の座標を (p, q) とすると, 点 E は線分 BD の中点 $\left(\dfrac{p}{2}, \dfrac{q + 9}{2}\right)$ であるから, $\dfrac{p}{2} = 0, \dfrac{q + 9}{2} = \dfrac{5}{2}$ である. これを解いて $p = 0, q = -4$ となる.
したがって, 点 D の座標は $(0, -4)$ である.

16.17　(1) 点 P の座標を (x, y) とすると,

$$\frac{3 \cdot (-1) + 2 \cdot x}{2+3} = 2, \quad \frac{3 \cdot (-3) + 2 \cdot y}{2+3} = -1$$

である．これを解いて，$x = \dfrac{13}{2}$, $y = 2$ であるから，$\mathrm{P}\left(\dfrac{13}{2}, 2\right)$ となる．

(2) 点 Q の座標を (x, y) とすると，

$$\frac{4 \cdot x + 1 \cdot 2}{1+4} = -1, \quad \frac{4 \cdot y + 1 \cdot (-1)}{1+4} = -3$$

である．これを解いて，$x = -\dfrac{7}{4}$, $y = -\dfrac{7}{2}$ であるから，$\mathrm{Q}\left(-\dfrac{7}{4}, -\dfrac{7}{2}\right)$ となる．

16.18 L, M, N の座標を，それぞれ，$\mathrm{L}(x_4, y_4)$, $\mathrm{M}(x_5, y_5)$, $\mathrm{N}(x_6, y_6)$ とすると，

$$x_4 = \frac{nx_1 + mx_2}{m+n}, \quad y_4 = \frac{ny_1 + my_2}{m+n},$$
$$x_5 = \frac{nx_2 + mx_3}{m+n}, \quad y_5 = \frac{ny_2 + my_3}{m+n},$$
$$x_6 = \frac{nx_3 + mx_1}{m+n}, \quad y_6 = \frac{ny_3 + my_1}{m+n}$$

となる．$\triangle \mathrm{LMN}$ の重心の座標を (s, t) とすれば，

$$s = \frac{x_4 + x_5 + x_6}{3}$$
$$= \frac{\dfrac{nx_1+mx_2}{m+n} + \dfrac{nx_2+mx_3}{m+n} + \dfrac{nx_3+mx_1}{m+n}}{3}$$
$$= \frac{(m+n)(x_1+x_2+x_3)}{3(m+m)} = \frac{x_1+x_2+x_3}{3},$$

$$t = \frac{y_4 + y_5 + y_6}{3}$$
$$= \frac{\dfrac{ny_1+my_2}{m+n} + \dfrac{ny_2+my_3}{m+n} + \dfrac{ny_3+my_1}{m+n}}{3}$$
$$= \frac{(m+n)(y_1+y_2+y_3)}{3(m+m)} = \frac{y_1+y_2+y_3}{3}$$

となる．したがって，$\triangle \mathrm{LMN}$ の重心の座標は $\left(\dfrac{x_1+x_2+x_3}{3}, \dfrac{y_1+y_2+y_3}{3}\right)$ となり，これは $\triangle \mathrm{ABC}$ の重心の座標と同じである．

16.19 3 辺の長さは

$$\mathrm{AB} = \sqrt{(-2-1)^2 + (2-1)^2} = \sqrt{10},$$

$$\mathrm{BC} = \sqrt{(-3+2)^2 + (-1-2)^2} = \sqrt{10},$$
$$\mathrm{AC} = \sqrt{(-3-1)^2 + (-1-1)^2} = 2\sqrt{5}$$

であるから，$\mathrm{AB}^2 + \mathrm{BC}^2 = \mathrm{AC}^2$ かつ $\mathrm{AB} = \mathrm{BC}$ を満たす．したがって，$\angle \mathrm{B} = 90°$ で $\mathrm{AB} = \mathrm{BC}$ の直角二等辺三角形である．

16.20 $\mathrm{A}(x_1, y_1)$, $\mathrm{B}(x_2, y_2)$, $\mathrm{C}(x_3, y_3)$, $\mathrm{D}(x_4, y_4)$ とすると，$\mathrm{P}\left(\dfrac{x_1+x_2}{2}, \dfrac{y_1+y_2}{2}\right)$, $\mathrm{Q}\left(\dfrac{x_2+x_3}{2}, \dfrac{y_2+y_3}{2}\right)$, $\mathrm{R}\left(\dfrac{x_3+x_4}{2}, \dfrac{y_3+y_4}{2}\right)$, $\mathrm{S}\left(\dfrac{x_4+x_1}{2}, \dfrac{y_4+y_1}{2}\right)$ であるから，

$$\mathrm{PR}^2 = \left(\frac{x_3+x_4}{2} - \frac{x_1+x_2}{2}\right)^2$$
$$+ \left(\frac{y_3+y_4}{2} - \frac{y_1+y_2}{2}\right)^2$$
$$= \left(\frac{x_3-x_1}{2} + \frac{x_4-x_2}{2}\right)^2$$
$$+ \left(\frac{y_3-y_1}{2} + \frac{y_4-y_2}{2}\right)^2,$$

$$\mathrm{QS}^2 = \left(\frac{x_4+x_1}{2} - \frac{x_2+x_3}{2}\right)^2$$
$$+ \left(\frac{y_4+y_1}{2} - \frac{y_2+y_3}{2}\right)^2$$
$$= \left(\frac{x_4-x_2}{2} - \frac{x_3-x_1}{2}\right)^2$$
$$+ \left(\frac{y_4-y_2}{2} - \frac{y_3-y_1}{2}\right)^2$$

となる．したがって，

$$\mathrm{PR}^2 + \mathrm{QS}^2 = \frac{1}{2}\left\{(x_3-x_1)^2 + (y_3-y_1)^2\right\}$$
$$+ \frac{1}{2}\left\{(x_4-x_2)^2 + (y_4-y_2)^2\right\}$$
$$= \frac{1}{2}(\mathrm{AC}^2 + \mathrm{BD}^2)$$

であるから，$\mathrm{AC}^2 + \mathrm{BD}^2 = 2(\mathrm{PR}^2 + \mathrm{QS}^2)$ が得られる．

16.21 求める点の座標を $\mathrm{P}(x, y)$ とすると，

$AP^2 = BP^2$ と $BP^2 = CP^2$ から,

$(x-5)^2 + y^2 = (x+2)^2 + (y-1)^2,$

$(x+2)^2 + (y-1)^2 = (x-4)^2 + (y-1)^2$

である. これらから, $7x - y = 10$, $x = 1$ が得られる. したがって, $y = -3$ であり, 求める点の座標は $(1, -3)$ となる.

16.22 ℓ_1, ℓ_2 の交点は $(1, 2)$ である. この点が ℓ_3 上にあればよいので, $x = 1, y = 2$ を ℓ_3 の方程式に代入して, $\alpha + 2 + 1 = 0$ を得る. したがって, $\alpha = -3$ となる.

16.23 (1) 線分 AB の中点は $(5, 2)$, 傾きは -2 である. よって, 線分 AB の垂直二等分線は $y = \frac{1}{2}(x-5) + 2$ である. したがって, $x - 2y - 1 = 0$ となる.

(2) 線分 BC の中点は $(1, -3)$, 傾きは $\frac{3}{2}$ である. よって, 線分 BC の垂直二等分線は $y = -\frac{2}{3}(x-1) - 3$ である. したがって, $2x + 3y - 11 = 0$ となる.

16.24 (1) 直線 ℓ の傾きは $\frac{4}{3}$ であるから, 点 A を通って直線 ℓ に垂直な直線の方程式は $y = -\frac{3}{4}(x-5) - 1$, したがって, $3x + 4y = 11$ である. この方程式と ℓ の方程式を連立させて解けば, $x = 1$, $y = 2$ が得られる. したがって, 点 H の座標は $(1, 2)$ である.

(2) 点 A と直線 ℓ との距離は 2 点 A, H の距離であるから, $\sqrt{(1-5)^2 + (2+1)^2} = 5$ となる.

16.25 (1) 原点 O を通り直線 ℓ に垂直な直線は $bx - ay = 0$ であるから, 直線との交点の座標は $\left(\dfrac{-ac}{a^2 + b^2}, \dfrac{-bc}{a^2 + b^2} \right)$ となる.
よって, 原点と直線との距離は,

$$\sqrt{\left(\frac{-ac}{a^2+b^2} \right)^2 + \left(\frac{-bc}{a^2+b^2} \right)^2}$$
$$= \sqrt{\frac{(a^2+b^2)c^2}{(a^2+b^2)^2}}$$
$$= \frac{|c|}{\sqrt{a^2+b^2}}$$

である.

(2) 点 A と直線 ℓ を x 軸正方向に $-x_0$, y 軸正方向に $-y_0$ だけ平行移動すると, 点 A は原点 O へ, 直線 ℓ は直線 ℓ' : $a(x + x_0) + b(y + y_0) + c = 0$, すなわち, $ax + by + (ax_0 + by_0 + c) = 0$ へ移る. (1) より, 原点 O と直線 ℓ' の距離は $\dfrac{|ax_0 + by_0 + c|}{\sqrt{a^2 + b^2}}$ である. 平行移動によって点と直線の距離は変わらないので, この値が点 A と直線 ℓ の距離を表す.

16.26 (1) $k = -1, 0, 1$ のとき, 直線の方程式はそれぞれ,

$$x + 2y = -4, \quad x - y = 5, \quad x = 2$$

となる.

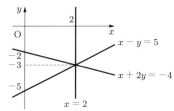

(2) 式を変形すると $k(2x+y-1) + (x-y-5) = 0$ となる. この式が k についての恒等式となるためには, $2x+y-1 = 0$ かつ $x-y-5 = 0$ を満たせばよい. この連立方程式を解いて, $x = 2, y = -3$ なので, 直線は点 $(2, -3)$ を必ず通ることがわかる.

16.27 Q16.25(2) で示した結果を使えば, 求める距離は

$$\frac{|3 \cdot 2 + 4 \cdot (-1) - 7|}{\sqrt{3^2 + 4^2}} = \frac{5}{5} = 1$$

16.28 (1) 点 A の座標は, 連立方程式 $\begin{cases} 3x + 2y - 7 = 0 \\ x + 2y - 1 = 0 \end{cases}$ を解いて, $A(3, -1)$ となる.

点 B の座標は, 連立方程式 $\begin{cases} x + 2y - 1 = 0 \\ x - 2y + 3 = 0 \end{cases}$ を解いて, $B(-1, 1)$ となる.

点 C の座標は, 連立方程式 $\begin{cases} 3x + 2y - 7 = 0 \\ x - 2y + 3 = 0 \end{cases}$ を解いて, $C(1, 2)$ となる.

(2) 辺 AB の長さは，AB $= 2\sqrt{5}$. 直線 AB の方程式は $x + 2y - 1 = 0$ であるので，点 C と直線 AB との距離は

$$\frac{|1 - 4 - 1|}{\sqrt{1 + 4}} = \frac{4}{\sqrt{5}}$$

したがって，三角形 ABC の面積は，

$$\frac{1}{2} \cdot 2\sqrt{5} \cdot \frac{4}{\sqrt{5}} = 4$$

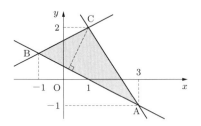

第 17 節　平面上の曲線

17.1　(1) $(x - 2)^2 + (y + 1)^2 = 25$

(2) $(x + 3)^2 + (y - 2)^2 = 20$

(3) $(x + 1)^2 + (y - 3)^2 = 5$

(4) $\left(x - \dfrac{3}{2}\right)^2 + (y - 2)^2 = \dfrac{25}{4}$

17.2　(1) 原点が中心，半径が 4 の円

(2) 点 $(-3, 0)$ が中心，半径が 1 の円

(3) 点 $(-1, 2)$ が中心，半径が 2 の円

(4) 点 $(2, -4)$ が中心，半径が $\sqrt{2}$ の円

17.3　(1) $x^2 + y^2 + 10y = 0$，中心 $(0, -5)$，半径 5

(2) $x^2 + y^2 - 2x + 4y - 60 = 0$，中心 $(1, -2)$，半径 $\sqrt{65}$

17.4　中心 $(-5, 0)$，半径 3 の円

17.5　頂点と焦点は図に示す．

(1) 距離の和 6

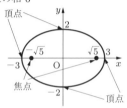

(2) 距離の和 10

(3) 距離の和 6

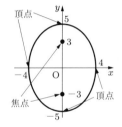

(4) 距離の和 10

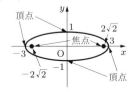

17.6　頂点と焦点は図に示す．

(1) 漸近線 $y = \pm\dfrac{3}{4}x$，距離の差 8

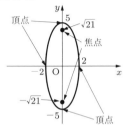

(2) 漸近線 $y = \pm 2x$，距離の差 4

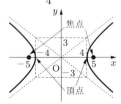

(3) 漸近線 $y = \pm\dfrac{1}{3}x$，距離の差 6

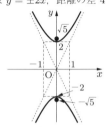

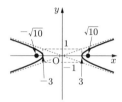

(4) 漸近線 $y = \pm\dfrac{2}{3}x$, 距離の差 4

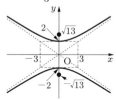

17.7 (1) 焦点 $(1,0)$, 準線 $x = -1$

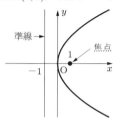

(2) 焦点 $\left(-\dfrac{1}{4}, 0\right)$, 準線 $x = \dfrac{1}{4}$

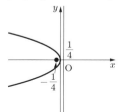

(3) 焦点 $\left(0, \dfrac{1}{2}\right)$, 準線 $y = -\dfrac{1}{2}$

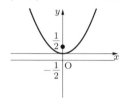

(4) 焦点 $(0, -2)$, 準線 $y = 2$

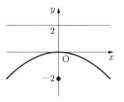

17.8 (1) $(\sqrt{2}, -\sqrt{2})$, $(-\sqrt{2}, \sqrt{2})$

(2) $(-2, 0)$, $\left(-\dfrac{10}{3}, -\dfrac{4}{3}\right)$

17.9 $k = \sqrt{5}$ のとき, 接点 $\left(\dfrac{2\sqrt{5}}{5}, \dfrac{\sqrt{5}}{5}\right)$,

$k = -\sqrt{5}$ のとき, 接点 $\left(-\dfrac{2\sqrt{5}}{5}, -\dfrac{\sqrt{5}}{5}\right)$

17.10 円の中心を (a, a), 半径を r とすると, 円の方程式は $(x-a)^2 + (y-a)^2 = r^2$ となる. 原点を通ることから, $2a^2 = r^2$ である. また, $(2, 4)$ を通ることから,

$$(2-a)^2 + (4-a)^2 = 2a^2$$

となる. これを解いて, $a = \dfrac{5}{3}$ である. したがって, 求める円の方程式は

$$\left(x - \dfrac{5}{3}\right)^2 + \left(y - \dfrac{5}{3}\right)^2 = \dfrac{50}{9}$$

となる.

17.11 円と直線の交点の座標を求める. 直線の方程式を $y = -x + 1$ と書き直して円の方程式に代入して整理すると, $x^2 + 4x + 3 = 0$ となる. これを解いて, $x = -1$, -3 を得る. これらの値を $y = -x + 1$ に代入して, 円と直線の交点の座標は A$(-1, 2)$, B$(-3, 4)$ となる. 求める円の中心を C, 半径を r とすれば, 点 C は線分 AB の中点であるから, C$(-2, 3)$ であり, 半径は AC $= \sqrt{2}$ であることがわかる. したがって, 求める円の方程式は $(x+2)^2 + (y-3)^2 = 2$ となる.

17.12 原点を O$(0, 0)$ とする. まず, $x_0 y_0 \neq 0$ の場合を考える. 直線 OA の傾きは $\dfrac{y_0}{x_0}$ であり, 接線はこの直線に垂直に交わるから, 接線の傾きは $-\dfrac{x_0}{y_0}$ である. したがって, 接線の方程式は

$$y - y_0 = -\dfrac{x_0}{y_0}(x - x_0)$$

すなわち, $x_0 x + y_0 y = x_0^2 + y_0^2$ である.
点 A は円 $x^2 + y^2 = r^2$ の上にあるので, $x_0^2 + y_0^2 = r^2$ を満たす. したがって, 接線の方程式は, $x_0 x + y_0 y = r^2$ となる.

次に, $x_0 = 0$ の場合を考える. この場合, 接線は x 軸に平行であるから, 接線の方程式は $y = y_0$ となる. $y_0 = \pm r$ であるから, 接線の方程式を $x_0 x + y_0 y = r^2$ と表すことができる.

最後に, $y_0 = 0$ の場合を考える. この場合, 接線は x 軸に垂直であるから, 接線の方程式は $x = x_0$ となる. $x_0 = \pm r$ であるから, 接線の方程式を $x_0 x + y_0 y = r^2$ と表すことができる.

17.13　接線の傾きを m とすれば, 接線の方程式は $y = mx + 2$ となる. これを円の方程式に代入すると,

$$x^2 + (mx + 2)^2 = 2$$

となり, したがって,

$$(m^2 + 1)x^2 + 4mx + 2 = 0$$

となる. この 2 次方程式の判別式は $D = (4m)^2 - 4 \cdot (m^2 + 1) \cdot 2$ であり, 円と接線は共有点を 1 つしかもたないので, $D = 0$ である. したがって, 2 次方程式

$$(4m)^2 - 4 \cdot (m^2 + 1) \cdot 2 = 0$$

を解いて, $m = \pm 1$ を得る.

$m = 1$ のとき, 接線の方程式は $y = x + 2$ であり, 接点の座標は, 連立方程式

$$2x^2 + 4x + 2 = 0, \quad y = x + 2$$

を解いて, $(-1, 1)$ となる.

$m = -1$ のとき, 上と同様にして, 接線の方程式は $y = -x + 2$ で, 接点の座標は $(1, 1)$ となる.

別解　接点の座標を (x_0, y_0) とすると, 接線の方程式は Q17.12 より

$$x_0 x + y_0 y = 2$$

である. この直線が点 $(0, 2)$ を通るので, $x_0 \cdot 0 + y_0 \cdot 2 = 2$, したがって, $y_0 = 1$ を得る. $x_0^2 + y_0^2 = 2$ から, $x_0 = \pm 1$ となる

ので, 接点の座標は $(-1, 1)$ と $(1, 1)$ である. 接点が $(-1, 1)$ のとき, 接線は 2 点 $(-1, 1)$, $(0, 2)$ を通るので, $y = x + 2$ である. 接点が $(1, 1)$ のとき, 接線は 2 点 $(1, 1)$, $(0, 2)$ を通るので, $y = -x + 2$ である.

17.14　M (x, y), P (a, b) とすると, $x = \dfrac{a + 6}{2}$, $y = \dfrac{b}{2}$ であるから, $a = 2x - 6$, $b = 2y$ となる. これらを $a^2 + b^2 = 4$ に代入して, $(2x - 6)^2 + (2y)^2 = 4$, したがって, $(x - 3)^2 + y^2 = 1$ を得る. よって, M の軌跡は, 中心 $(3, 0)$ で半径 1 の円である.

17.15　円の中心は原点 $O(0, 0)$ である. 接点を Q とすると, $\triangle OPQ$ は $\angle OQP$ を直角とする直角三角形であるから, 求める距離 PQ は,

$$PQ = \sqrt{OP^2 - OQ^2} = \sqrt{a^2 + b^2 - r^2}$$

となる.

17.16　円 C_1 の中心を $Q_1(2, 1)$, 円 C_2 の中心を $Q_2(-3, 6)$ とすると,

$$Q_1 Q_2 = 5\sqrt{2} > 1 + 1$$

であるから, この 2 つの円に共有点はない. したがって, 線分 $P_1 P_2$ の長さが最小となるのは, 点 P_1 と点 P_2 が直線 $Q_1 Q_2$ の上にあるときである. 直線 $Q_1 Q_2$ の方程式は $y = -x + 3$ であるから, 点 P_1 の座標は, 連立方程式 $\begin{cases} (x - 2)^2 + (y - 1)^2 = 1 \\ y = -x + 3 \end{cases}$

を解いて, $\left(\dfrac{4 \pm \sqrt{2}}{2}, \dfrac{2 \mp \sqrt{2}}{2} \right)$ (複号同順) となる. この中で, 点 Q_2 に近いほうは, $P_1 \left(\dfrac{4 - \sqrt{2}}{2}, \dfrac{2 + \sqrt{2}}{2} \right)$ である.

同様にして, 点 P_2 の座標は, 連立方程式 $\begin{cases} (x + 3)^2 + (y - 6)^2 = 1 \\ y = -x + 3 \end{cases}$ を解いて, $\left(\dfrac{-6 \pm \sqrt{2}}{2}, \dfrac{12 \mp \sqrt{2}}{2} \right)$ (複号同順) であり, 点 Q_1 に近いほうは, $P_2 \left(\dfrac{-6 + \sqrt{2}}{2}, \dfrac{12 - \sqrt{2}}{2} \right)$ である.

17.17　求める方程式が表す図形は楕円である.

(1) 求める方程式を $\dfrac{x^2}{a^2} + \dfrac{y^2}{b^2} = 1$ とする.

条件より $2a = 8$ よって $a = 4$ である. また,
$b^2 = 4^2 - (\sqrt{7})^2 = 9 = 3^2$

したがって, 求める方程式は $\dfrac{x^2}{4^2} + \dfrac{y^2}{3^2} = 1$

(2) 求める方程式を $\dfrac{x^2}{a^2} + \dfrac{y^2}{b^2} = 1$ とする.

条件より $2b = 8$ よって $b = 4$ である. また,
$a^2 = 4^2 - (2\sqrt{3})^2 = 4 = 2^2$

したがって, 求める方程式は $\dfrac{x^2}{2^2} + \dfrac{y^2}{4^2} = 1$

17.18 求める方程式が表す図形は双曲線である.

(1) 求める方程式は焦点が x 軸上にあるので
$\dfrac{x^2}{a^2} - \dfrac{y^2}{b^2} = 1$ とする.

条件より $2a = 6$ よって $a = 3$ である. また,
$b^2 = (\sqrt{13})^2 - 3^2 = 4 = 2^2$

したがって, 求める方程式は $\dfrac{x^2}{3^2} - \dfrac{y^2}{2^2} = 1$

(2) 求める方程式は焦点が y 軸上にあるので
$\dfrac{x^2}{a^2} - \dfrac{y^2}{b^2} = -1$ とする.

条件より $2b = 4$ よって $b = 2$ である. また,
$a^2 = (2\sqrt{5})^2 - 2^2 = 16 = 4^2$

したがって, 求める方程式は $\dfrac{x^2}{4^2} - \dfrac{y^2}{2^2} = -1$

17.19 求める方程式が表す図形は放物線である.

(1) 求める方程式を $y^2 = 4px$ とする. $p = 3$ より, $y^2 = 12x$

(2) 求める方程式を $x^2 = 4py$ とする. $p = 2$ より, $x^2 = 8y$

17.20 (1) 与えられた方程式は,
$$\dfrac{(x-1)^2}{4} + \dfrac{(y+2)^2}{9} = 1$$
と変形できる. したがって, 楕円 $\dfrac{x^2}{4} + \dfrac{y^2}{9} = 1$ を x 軸方向に 1, y 軸方向に -2 だけ平行移動した曲線である.

(2) 与えられた方程式は,
$$(x+2)^2 - \dfrac{(y-1)^2}{4} = 1$$
と変形できる. したがって, 双曲線 $x^2 -$

$\dfrac{y^2}{4} = 1$ を x 軸方向に -2, y 軸方向に 1 だけ平行移動した曲線である.

(3) 与えられた方程式は,
$$(x+3)^2 = 4(-1)(y-2)$$
と変形できる. したがって, 放物線 $x^2 = 4(-1)y$ を x 軸方向に -3, y 軸方向に 2 だけ平行移動した曲線である.

17.21 点 P と直線 AB との距離 d が最小であるとき, $\triangle$ABP の面積が最小となる. 求める点 P の座標を (a, a^2) とすれば, 直線 AB の方程式が $2x - y - 2 = 0$ より
$$d = \dfrac{|2a - a^2 - 2|}{\sqrt{2^2 + (-1)^2}} = \dfrac{|a^2 - 2a + 2|}{\sqrt{5}}$$
$$= \dfrac{|(a-1)^2 + 1|}{\sqrt{5}}$$

よって, $a = 1$ のとき, $d = \dfrac{1}{\sqrt{5}}$ で最小となる. このとき, $AB = \sqrt{5}$ なので, $\triangle$ABP の面積は
$$\dfrac{1}{2} \times \sqrt{5} \times \dfrac{1}{\sqrt{5}} = \dfrac{1}{2}$$
である.

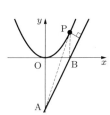

17.22 $y = x + k$ を楕円の方程式に代入して, $\dfrac{x^2}{4} + (x+k)^2 = 1$. したがって,
$$5x^2 + 8kx + 4(k^2 - 1) = 0 \cdots ①$$
を得る. この 2 次方程式の判別式は $D = (8k)^2 - 4 \cdot 5 \cdot 4(k^2 - 1)$ である. 楕円と直線が接するのは $D = 0$ のときであるから, 2 次方程式
$$(8k)^2 - 4 \cdot 5 \cdot 4(k^2 - 1) = 0$$
を解いて, $k = \pm\sqrt{5}$ を得る. ① の解は $x = -\dfrac{4}{5}k$ なので,

$k = \sqrt{5}$ のとき, $x = -\dfrac{4\sqrt{5}}{5}$ より接点の座

標は $\left(-\dfrac{4\sqrt{5}}{5},\ \dfrac{\sqrt{5}}{5}\right)$,

$k=-\sqrt{5}$ のとき, $x=\dfrac{4\sqrt{5}}{5}$ より接点の座

標は $\left(\dfrac{4\sqrt{5}}{5},\ -\dfrac{\sqrt{5}}{5}\right)$

17.23　楕円上の点 P の座標を (x,y) とすると,

$$\begin{aligned}
\mathrm{AP}^2 &= (x-1)^2 + y^2 \\
&= x^2 - 2x + 1 + y^2
\end{aligned}$$

であり, ここに $y^2 = 1 - \dfrac{x^2}{9}$ を代入して,

$$\begin{aligned}
\mathrm{AP}^2 &= x^2 - 2x + 1 + \left(1 - \dfrac{x^2}{9}\right) \\
&= \dfrac{8}{9}x^2 - 2x + 2 \\
&= \dfrac{8}{9}\left(x - \dfrac{9}{8}\right)^2 + \dfrac{7}{8}
\end{aligned}$$

を得る. したがって, AP は $x = \dfrac{9}{8}$ のと

きに最小値 $\dfrac{\sqrt{14}}{4}$ をとる. また, $x = \dfrac{9}{8}$

に対応する楕円上の点の座標は, 連立方

程式 $\dfrac{x^2}{9} + y^2 = 1$, $x = \dfrac{9}{8}$ を解いて,

$\mathrm{P}\left(\dfrac{9}{8}, \pm\dfrac{\sqrt{55}}{8}\right)$ である.

17.24　楕円の方程式を

$$b^2x^2 + a^2y^2 = a^2b^2 \cdots ①$$

と変形し, 点 A を通る直線の方程式を

$$y = k(x-b) + a \cdots ②$$

とする.

② を ① に代入すると, $b^2x^2 + a^2(kx + a - kb)^2 = a^2b^2$ が得られる.

整理して, $(b^2 + k^2a^2)x^2 + 2a^2k(a - kb)x + a^2\{(a-kb)^2 - b^2\} = 0$

よって, ① と ② が接するための条件は

$$\begin{aligned}
\{2a^2k(a-kb)\}^2 &- 4(b^2 + k^2a^2) \\
&\times a^2\{(a-kb)^2 - b^2\} = 0
\end{aligned}$$

k について整理すると,

$$(a^2 - b^2)k^2 + 2abk - (a^2 - b^2) = 0 \cdots ③$$

このとき, ③ を満たす k の値が, 問題を満たす接線の傾きである. ここで, ③ の解を k_1, k_2 とすれば, 解と係数の関係より

$$k_1 \times k_2 = -\dfrac{a^2 - b^2}{a^2 - b^2} = -1$$

となるので, 点 A を通る接線は直交する.

17.25　与えられた方程式を変形して,

$$\dfrac{(x-1)^2}{9} + \dfrac{(y-2)^2}{4} = 1$$

とできる. これは, 楕円 $\dfrac{x^2}{9} + \dfrac{y^2}{4} = 1$ を x 軸方向に 1, y 軸方向に 2 だけ平行移動したものである.

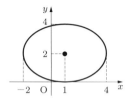

第 18 節　平面上の領域

18.1

(1)

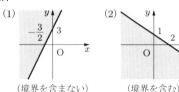

（境界を含まない）

(2)

（境界を含む）

(3)

（境界を含まない）

18.2

(1)

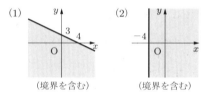

（境界を含む）

(2)

（境界を含む）

(3)
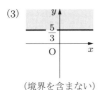
（境界を含まない）

18.3

(1)

（境界を含む）

(2)

（境界を含まない）

(3)

（境界を含む）

(4)

（境界を含まない）

(5)

（境界を含む）

(6)
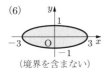
（境界を含まない）

(7)

（境界を含む）

(8)

（境界を含まない）

18.4

(1)

（境界を含まない）

(2)

（境界を含まない）

(3)

（境界を含む）

(4)

（境界を含まない）

18.5
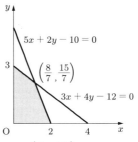

(1) $(x, y) = \left(\dfrac{8}{7}, \dfrac{15}{7}\right)$ のとき，最大値 11

(2) $(x, y) = (2, 0)$ のとき，最大値 10

(3) $(x, y) = (0, 3)$ のとき，最大値 9

18.6 (1) $y < -2x - 2$ 　(2) $-1 \leqq y \leqq 1$

(3) $y > 0,\ y < 2x + 2,\ y < -2x + 2$

(4) $x^2 + (y - 1)^2 \leqq 1$ 　(5) $x < -y^2$

(6) $xy \leqq -1$ 　(7) $\dfrac{x^2}{4} + y^2 < 1$

(8) $y \geqq -x^2$

18.7

(1)

（境界を含まない）

(2)

（境界を含む）

(3) $x > 0$ のとき，$y < \dfrac{1}{x}$

$x < 0$ のとき，$y > \dfrac{1}{x}$

$x = 0$（y 軸）は領域に含まれる．

（境界を含まない）

(4) $\begin{cases} x - y > 0 \\ x^2 + y^2 - 4 > 0 \end{cases}$

または

$\begin{cases} x - y < 0 \\ x^2 + y^2 - 4 < 0 \end{cases}$

（境界を含まない）

(5) $x(x + 2y) < 0$ より

$\begin{cases} x > 0 \\ x + 2y < 0 \end{cases}$

または

$\begin{cases} x < 0 \\ x + 2y > 0 \end{cases}$

（境界を含まない）

(6) $(2x - y - 1)(x + y - 2) < 0$ より

$$\begin{cases} 2x - y - 1 > 0 \\ x + y - 2 < 0 \end{cases}$$

または

$$\begin{cases} 2x - y - 1 < 0 \\ x + y - 2 > 0 \end{cases}$$

（境界を含まない）

18.8 $P(x, y)$ とすると,

$$\sqrt{x^2 + y^2} < \frac{1}{2}\sqrt{(x - a)^2 + y^2}$$

である. この両辺は 0 以上の数であるから, 両辺を 2 乗しても同値である. よって,

$$4(x^2 + y^2) < (x - a)^2 + y^2$$

したがって,

$$\left(x + \frac{a}{3}\right)^2 + y^2 < \left(\frac{2}{3}a\right)^2$$

となる. よって, 点 P の存在する領域は, $\left(-\dfrac{a}{3}, 0\right)$ を中心とし, 半径が $\dfrac{2}{3}a$ の円の内部 (境界を含まない) である.

18.9 2 次方程式 $x^2 + 2ax + b = 0$ の判別式を D とすると, a, b が条件を満たすのは, $D > 0$ のときであるから,

$$D = (2a)^2 - 4 \cdot 1 \cdot b > 0$$

すなわち, $b < a^2$ のときである.

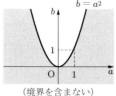

（境界を含まない）

18.10 点 P の座標を $(a, -2)$ とすると, 線分 OP の垂直 2 等分線の方程式は,

$$y - (-1) = \frac{a}{2}\left(x - \frac{a}{2}\right)$$

となる. これを a についてまとめ直すと,

$$a^2 - 2ax + (4y + 4) = 0 \cdots ①$$

となる. このとき, 点 (x, y) がある点 P に対する線分 OP の垂直 2 等分線上にあるための条件は, a についての 2 次方程式 ① が実数解をもつことである. したがって, ①の判別式を

D とすると, $D = (-2x)^2 - 4 \cdot 1 \cdot (4y + 4) \geqq 0$. よって, 求める領域は $y \leqq \dfrac{1}{4}x^2 - 1$ である.

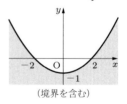

（境界を含む）

18.11 (1) $2x + y = k$ とおき, これを $y = -2x + k$ と書き直し, 直線 $y = -2x + k$ と円 $x^2 + y^2 = 4$ が共有点をもつための条件を調べる.

$x^2 + (-2x + k)^2 = 4$ を整理して, $5x^2 - 4kx + (k^2 - 4) = 0$ を得る. ここで, 直線と円が共有点をもつには, この 2 次方程式の判別式 D が 0 以上であればよい.

したがって, $D = (-4k)^2 - 4 \cdot 5 \cdot (k^2 - 4) \geqq 0$ から, $4k^2 \leqq 80$ となる. これを解いて, $-2\sqrt{5} \leqq k \leqq 2\sqrt{5}$ が得られる.

よって, $-2\sqrt{5} \leqq 2x + y \leqq 2\sqrt{5}$ である.

(2) $k \neq 0$ を定数として, 双曲線 $xy = k$ を考える. この双曲線が円 $x^2 + y^2 = 4$ と共有点をもつための条件を調べる. $y = \dfrac{k}{x}$ を $x^2 + y^2 = 4$ に代入して整理すると,

$$x^4 - 4x^2 + k^2 = 0$$

となる. $t = x^2$ とおけば, $t^2 - 4t + k^2 = 0$ である.

この方程式は $(t - 2)^2 + (k^2 - 4) = 0$ と変形できるので, これが正の実数解をもつ条件は, $k^2 - 4 \leqq 0$, すなわち, $-2 \leqq k \leqq 2$ $(k \neq 0)$ である.

また, $k = 0$ のとき, 方程式 $xy = 0$ は 2 つの直線 $x = 0$, $y = 0$ を表す. これらの直線は, 明らかに, 円の内部と共有点をもつ.

したがって, $-2 \leqq xy \leqq 2$ が求める範囲である.

18.12 $y = x + b$ を円の方程式に代入して整理すると, $2x^2 + 2bx + (b^2 - a^2) = 0$ である. 共有点がないのは, この 2 次方程式が実数解をもたない場合, すなわち, この 2 次方程式の判別式 D が $D < 0$ の場合である. し

たがって，$D = (2b)^2 - 4 \cdot 2 \cdot (b^2 - a^2) < 0$，
すなわち，

$$(b + \sqrt{2}a)(b - \sqrt{2}a) > 0$$

の場合である．$a > 0$ であるから，$b < -\sqrt{2}a$，または $b > \sqrt{2}a$ となる．

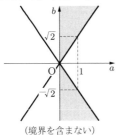

（境界を含まない）

第7章　個数の処理

第 19 節　場合の数

19.1　12 通り

19.2　(1) 36 通り　　(2) 10 通り
(3) 8 通り　　(4) 9 通り

19.3　(1) 24 個　　(2) 24 個　　(3) 32 個

19.4　50 個

19.5　48 通り

19.6　(1) 56　　(2) 210　　(3) 126
(4) 720　　(5) $n(n-1)$
(6) $n(n-1)(n-2) \cdots 5 \cdot 4$

19.7　1320 通り

19.8　(1) 120　　(2) 3600　　(3) 210

19.9　(1) 100 個　　(2) 48 個

19.10　120 通り

19.11　243 通り

19.12　(1) 28　　(2) 35　　(3) 1　　(4) 1
(5) $\dfrac{n(n-1)}{2}$　　(6) $\dfrac{n(n-1)(n-2)}{6}$

19.13　84 通り

19.14　56 通り

19.15　560 通り

19.16　(1) 45 通り
(2) 選ばれる場合は 9 通り，選ばれない場合は 36 通り

19.17　(1) 720　　(2) 112　　(3) 15
(4) -560

19.18　$a^5 + 5a^4b + 10a^3b^2 + 10a^2b^3 + 5ab^4 + b^5$

19.19　(1) 千の位の数は 0 以外の 6 通りであるから，$6 \cdot {}_6\mathrm{P}_3 = 720$ 通り
(2) 千の位の数は 1, 3, 5 の 3 通りであるから，$3 \cdot {}_6\mathrm{P}_3 = 360$ 通り
(3) 一の位の数が 0 のときは，${}_6\mathrm{P}_3 = 120$ 通りで，一の位の数が 2, 4, 6 のときは $3 \cdot 5 \cdot {}_5\mathrm{P}_2 = 300$ 通りであるから，$120 + 300 = 420$ 通り
(4) 一の位の数が 0 のときは，${}_6\mathrm{P}_3 = 120$ 通りで，一の位の数が 5 のときは $5 \cdot {}_5\mathrm{P}_2 = 100$ 通りであるから，$120 + 100 = 220$ 通り

19.20　(1) $5! = 120$ 通り
(2) $3! \times 2 = 12$ 通り　　(3) $4! \times 2 = 48$ 通り
(4) $3! \times 2 \times 3 = 36$ 通り

19.21　(1) $(3-1)! \cdot 3! = 12$ 通り
(2) $(5-1)! \cdot 2 = 48$ 通り
(3) $(3-1)! \cdot 2^3 = 16$ 通り

19.22　(1) ${}_7\mathrm{C}_3 \cdot {}_4\mathrm{C}_2 \div 2 = 105$ 通り．あるいは，$\dfrac{7!}{3!2!2!} \div 2 = 105$ 通り．
(2) ${}_9\mathrm{C}_3 \cdot {}_6\mathrm{C}_3 \div 3! = 280$ 通り．あるいは，$\dfrac{9!}{3!3!3!} \div 3! = 280$ 通り．

19.23　(1) 各番号のボールについて，入れられる箱は 3 通りあるから，全部で $3^5 = 243$ 通りある．
(2) 空箱が 2 つの場合は，1 つの箱に全部入れるので ${}_3\mathrm{C}_1$ 通りある．空箱が 1 つの場合は，まず空箱を 1 つ選び，残り 2 つの箱に 5 個の玉を入れるが，全部を 1 つの箱には入れないので，${}_3\mathrm{C}_1 \times (2^5 - 2)$ 通りある．
したがって，$3^5 - \{{}_3\mathrm{C}_1 + {}_3\mathrm{C}_1 \cdot (2^5 - 2)\} = 150$ 通りである．
(3) 1 つ，1 つ，3 つの 3 組に分ける方法の数は，$\dfrac{5!}{1!1!3!} \div 2 = 10$ 通りである．1 つ，2 つ，2 つの 3 組に分ける方法の数は，$\dfrac{5!}{1!2!2!} \div 2 = 15$ 通りである．
したがって，求める場合は $10 + 15 = 25$ 通りである．

19.24　同じ文字をどれだけ含むかで分類する．
（ i ）同じ文字を 3 つ含む場合は，a を 3 つ含む場合で，残り 1 つの文字の選び方は 3 通

りあるから，順列の総数は $\dfrac{4!}{3!1!} \cdot 3 = 12$ となる．

(ii) 同じ文字を 2 つずつ含む場合は，a と b を 2 つずつ含むので，順列の総数は $\dfrac{4!}{2!2!} = 6$ となる．

(iii) 同じ文字を 2 つと他の文字が 1 つずつの場合は，a か b のどちらかを 2 つ含む場合で，それぞれ残りの文字の選び方は 3 通りあるから，順列の総数は $\dfrac{4!}{2!1!1!} \cdot 3 \cdot 2 = 72$ となる．

(iv) すべての文字が異なる場合の順列の総数は，a, b, c, d を並べる順列の総数に等しく，$4! = 24$ である．

よって，求める場合は $12 + 6 + 72 + 24 = 114$ 通りである．

19.25 (1) 縦の道は 4 本，横の道は 6 本あるから，全部で $\dfrac{10!}{4!6!} = 210$ 通りある．

(2) S から A までの経路は $\dfrac{4!}{2!2!} = 6$ 通り，A から B までの経路は $\dfrac{3!}{1!2!} = 3$ 通り，B から G までの経路は $\dfrac{3!}{1!2!} = 3$ 通りある．したがって，求める経路の総数は，$6 \cdot 3 \cdot 3 = 54$ 通りである．

(3) C を通る経路の総数は，$\dfrac{4!}{1!3!} \cdot \dfrac{6!}{3!3!} = 80$ 通りある．よって，求める経路は，$210 - 80 = 130$ 通りである．

19.26 (1) 10 個の○を 1 列に並べて，3 本の仕切り | で区切る．仕切りで区切られた○の数を，左から x, y, z, w とする．たとえば，

$$○\,|\,○○○\,|\,○○○○○\,|\,○ \ ならば，$$
$$x = 1, y = 3, z = 5, w = 1$$

$$|\,○○○\,||\,○○○○○○ \ ならば，$$
$$x = 0, y = 3, z = 0, w = 7$$

となる．この方法によって方程式の解をすべて数えつくすことができる．仕切りを入れることができる場所は 11 か所あり，

仕切りが |, |, | となるのは ${}_{11}C_3$ 通り，
仕切りが |, || または ||, | となるのは ${}_{11}C_2 \times 2$

通り，
仕切りが ||| となるのは ${}_{11}C_1$ 通り
である．したがって，求める解は全部で
$${}_{11}C_3 + {}_{11}C_2 \times 2 + {}_{11}C_1 = 286 \ 通りである．$$

(2) $x' = x - 2, y' = y - 2, z' = z - 2, w' = w - 2$ とおけば，方程式は
$$x' + y' + z' + w' = 2, \quad x' \geqq 0,$$
$$y' \geqq 0, \quad z' \geqq 0, \quad w' \geqq 0$$

となる．方程式 (∗) の解の個数は，この方程式の解の個数と同じである．

したがって，求める解の組は，全部で ${}_3C_3 + {}_3C_2 \times 2 + {}_3C_1 = 10$ 通りである．

19.27　二項定理
$$(1 + x)^n = {}_nC_0 + {}_nC_1 x + {}_nC_2 x^2$$
$$+ \cdots + {}_nC_n x^n$$

で $x = 1, x = -1$ を代入すると，それぞれ，
$$(1 + 1)^n = {}_nC_0 + {}_nC_1 + {}_nC_2$$
$$+ \cdots + {}_nC_n \cdots ①$$
$$(1 - 1)^n = {}_nC_0 - {}_nC_1 + {}_nC_2$$
$$- \cdots + (-1)^n {}_nC_n \cdots ②$$

が得られる．(1) は ① からわかる．(2) は ① − ② から得られる．(3) は ① + ② から得られる．

19.28 $(1 + x)^{2n} = \{(1 + x)^n\}^2$ の両辺を展開して，x^n の係数を比較する．二項定理によって，$(1 + x)^{2n}$ の x^n の係数は ${}_{2n}C_n = \dfrac{(2n)!}{n!n!}$ である．一方，
$$\{(1 + x)^n\}^2 = ({}_nC_0 + {}_nC_1 x + {}_nC_2 x^2$$
$$+ \cdots + {}_nC_n x^n)^2$$

の x^n の係数は，${}_nC_r = {}_nC_{n-r}$ を利用して，
$${}_nC_0 \cdot {}_nC_n + {}_nC_1 \cdot {}_nC_{n-1} + {}_nC_2 \cdot {}_nC_{n-2}$$
$$+ \cdots + {}_nC_n \cdot {}_nC_0$$
$$= {}_nC_0{}^2 + {}_nC_1{}^2 + {}_nC_2{}^2 + \cdots + {}_nC_n{}^2$$

となる．したがって，与式が示された．

19.29 $11^{10} = (10 + 1)^{10}$
$$= {}_{10}C_0 + {}_{10}C_1 \cdot 10 + {}_{10}C_2 \cdot 10^2$$
$$+ \cdots + {}_{10}C_{10} \cdot 10^{10}$$
$$= 1 + 100(1 + {}_{10}C_2 + {}_{10}C_3 \cdot 10$$
$$+ \cdots + {}_{10}C_{10} \cdot 10^8)$$

であるから，これを 100 で割れば，余りは 1 となる.

19.30 すべての人が 1 個以上の玉を受け取るのは，$n-1$ [か所] の玉の間に，$k-1$ [個] の仕切りを入れる場合の数と同じである．したがって，求める分け方の総数は，

$$_{n-1}\mathrm{C}_{k-1} = \frac{(n-1)!}{(k-1)!(n-k)!}$$

通りである.

19.31 展開式の各項は，r を $0 \leqq r \leqq 7$ を満たす整数として，

$$_7\mathrm{C}_r(3x^2)^r \left(\frac{1}{x}\right)^{7-r} = {}_7\mathrm{C}_r 3^r (x^2)^r (x^{-1})^{7-r}$$
$$= {}_7\mathrm{C}_r 3^r x^{2r-(7-r)}$$
$$= {}_7\mathrm{C}_r 3^r x^{3r-7}$$

である．$3r-7=2$ となるのは $r=3$ のときだけであるから，求める係数は $_7\mathrm{C}_3 3^3 = 945$ である.

付録 A　確率

A.1 (1) 10　　(2) 60　　(3) 40

A.2 (1) 32 名　　(2) 25 名　　(3) 15 名

A.3 (1) $U = \{○○○, ○○×, ○×○, ×○○,$
$○××, ×○×, ××○, ×××\}$

(2) $A = \{○○○, ○○×, ○×○, ○××\}$

(3) $B = \{○○×, ○×○, ×○○, ○××,$
$×○×, ××○, ×××\}$

A.4 (1) $\dfrac{1}{12}$　　(2) $\dfrac{1}{6}$　　(3) $\dfrac{1}{9}$　　(4) $\dfrac{17}{36}$

A.5 (1) $\dfrac{10}{21}$　　(2) $\dfrac{1}{126}$　　(3) $\dfrac{5}{126}$

(4) $\dfrac{1}{21}$　　(5) $\dfrac{20}{21}$　　(6) $\dfrac{121}{126}$

A.6 (1) $\dfrac{105}{512}$　　(2) $\dfrac{1013}{1024}$

A.7 (1) $\dfrac{7}{20}$　　(2) $\dfrac{3}{20}$　　(3) $\dfrac{3}{8}$　　(4) $\dfrac{3}{7}$

A.8 $E(X) = 1$

X	0	1	2	3	計
P	$\dfrac{8}{27}$	$\dfrac{4}{9}$	$\dfrac{2}{9}$	$\dfrac{1}{27}$	1
XP	0	$\dfrac{4}{9}$	$\dfrac{4}{9}$	$\dfrac{1}{9}$	1

A.9 すべての場合の数は $6^3 = 216$ である.

(1) 出る目の和が 15 以上になるパターンとその場合の数は，

$$6+6+6 = 18, \quad 1\,通り$$
$$6+6+5 = 17, \quad 3\,通り$$
$$6+6+4 = 16, \quad 3\,通り$$
$$6+5+5 = 16, \quad 3\,通り$$
$$6+6+3 = 15, \quad 3\,通り$$
$$6+5+4 = 15, \quad 6\,通り$$
$$5+5+5 = 15, \quad 1\,通り$$

であるから，求める確率は

$$\frac{1+3+3+3+3+6+1}{216} = \frac{5}{54} \quad となる.$$

(2) 「出る目の最大値が 5 以上である」ことの余事象は，「出る目がすべて 4 以下である」ことである．出る目がすべて 4 以下である確率は，$\dfrac{4^3}{6^3} = \dfrac{8}{27}$ であるから，求める確率は，$1 - \dfrac{8}{27} = \dfrac{19}{27}$ となる.

(3) 異なる目の出る場合の数は $_6\mathrm{P}_3 = 120$ であるから，求める確率は $\dfrac{120}{216} = \dfrac{5}{9}$ となる.

(4) 「出る目の積が偶数である」ことの余事象は，「出る目がすべて奇数である」ことである．出る目がすべて奇数である確率は $\dfrac{3^3}{6^3} = \dfrac{1}{8}$ であるから，求める確率は $1 - \dfrac{1}{8} = \dfrac{7}{8}$ となる.

A.10 すべての場合の数は $8^2 = 64$

(1) $\dfrac{5 \cdot 6}{64} = \dfrac{15}{32}$

(2) 2 個とも白玉である確率は，$\dfrac{5 \cdot 2}{64} = \dfrac{5}{32}$ であり，2 個とも赤玉である確率は，$\dfrac{3 \cdot 6}{64} = \dfrac{9}{32}$ である．よって，2 個が同じ色である確率は $\dfrac{5}{32} + \dfrac{9}{32} = \dfrac{7}{16}$ となる.

(3) 2 個とも白玉である確率は $\dfrac{5}{32}$ であるので，$1 - \dfrac{5}{32} = \dfrac{27}{32}$ となる.

A.11 (1) 1 回のゲームで A さんが勝つパターンは，$(A, B) = (3, 1), (3, 2), (2, 1)$ であるから，A さんが勝つ確率は $\dfrac{3}{3^2} = \dfrac{1}{3}$ である.

(2) A さんが 3 回とも勝つ確率は

$\left(\dfrac{1}{3}\right)^3 = \dfrac{1}{27}$ である.

(3) A さんが 2 勝する確率は

$_3\mathrm{C}_2 \cdot \left(\dfrac{1}{3}\right)^2 \cdot \left(1 - \dfrac{1}{3}\right) = \dfrac{2}{9}$ である.

A.12　すべての場合の数は $_{20}\mathrm{C}_4 = 4845$ 通りである.

1 等 : $\dfrac{_4\mathrm{C}_4}{_{20}\mathrm{C}_4} = \dfrac{1}{4845}$

2 等 : $\dfrac{_4\mathrm{C}_3 \cdot _{16}\mathrm{C}_1}{_{20}\mathrm{C}_4} = \dfrac{64}{4845}$

3 等 : $\dfrac{_4\mathrm{C}_2 \cdot _{16}\mathrm{C}_2}{_{20}\mathrm{C}_4} = \dfrac{48}{323}$

A.13　すべての場合の数は $5^4 = 625$ 通りである.

1 等 : 4 桁の整数のすべての桁の数が一致する整数は 1 つしかないので, 求める確率は $\dfrac{1}{625}$ である.

2 等 : 3 桁の数字が場所も含めて当選番号と一致し, 残りの 1 つが一致しない整数は $_4\mathrm{C}_1 \cdot 4 = 16$ 個ある. よって, 求める確率は $\dfrac{16}{625}$ である.

3 等 : 2 桁の数字が場所も含めて当選番号と一致し, 残りの 2 つが一致しない整数は $_4\mathrm{C}_2 \cdot 4^2 = 96$ 個ある. よって, 求める確率は $\dfrac{96}{625}$ である.

三角関数表

θ	$\sin \theta$	$\cos \theta$	$\tan \theta$	θ	$\sin \theta$	$\cos \theta$	$\tan \theta$
0°	0.0000	1.0000	0.0000	45°	0.7071	0.7071	1.0000
1°	0.0175	0.9998	0.0175	46°	0.7193	0.6947	1.0355
2°	0.0349	0.9994	0.0349	47°	0.7314	0.6820	1.0724
3°	0.0523	0.9986	0.0524	48°	0.7431	0.6691	1.1106
4°	0.0698	0.9976	0.0699	49°	0.7547	0.6561	1.1504
5°	0.0872	0.9962	0.0875	50°	0.7660	0.6428	1.1918
6°	0.1045	0.9945	0.1051	51°	0.7771	0.6293	1.2349
7°	0.1219	0.9925	0.1228	52°	0.7880	0.6157	1.2799
8°	0.1392	0.9903	0.1405	53°	0.7986	0.6018	1.3270
9°	0.1564	0.9877	0.1584	54°	0.8090	0.5878	1.3764
10°	0.1736	0.9848	0.1763	55°	0.8192	0.5736	1.4281
11°	0.1908	0.9816	0.1944	56°	0.8290	0.5592	1.4826
12°	0.2079	0.9781	0.2126	57°	0.8387	0.5446	1.5399
13°	0.2250	0.9744	0.2309	58°	0.8480	0.5299	1.6003
14°	0.2419	0.9703	0.2493	59°	0.8572	0.5150	1.6643
15°	0.2588	0.9659	0.2679	60°	0.8660	0.5000	1.7321
16°	0.2756	0.9613	0.2867	61°	0.8746	0.4848	1.8040
17°	0.2924	0.9563	0.3057	62°	0.8829	0.4695	1.8807
18°	0.3090	0.9511	0.3249	63°	0.8910	0.4540	1.9626
19°	0.3256	0.9455	0.3443	64°	0.8988	0.4384	2.0503
20°	0.3420	0.9397	0.3640	65°	0.9063	0.4226	2.1445
21°	0.3584	0.9336	0.3839	66°	0.9135	0.4067	2.2460
22°	0.3746	0.9272	0.4040	67°	0.9205	0.3907	2.3559
23°	0.3907	0.9205	0.4245	68°	0.9272	0.3746	2.4751
24°	0.4067	0.9135	0.4452	69°	0.9336	0.3584	2.6051
25°	0.4226	0.9063	0.4663	70°	0.9397	0.3420	2.7475
26°	0.4384	0.8988	0.4877	71°	0.9455	0.3256	2.9042
27°	0.4540	0.8910	0.5095	72°	0.9511	0.3090	3.0777
28°	0.4695	0.8829	0.5317	73°	0.9563	0.2924	3.2709
29°	0.4848	0.8746	0.5543	74°	0.9613	0.2756	3.4874
30°	0.5000	0.8660	0.5774	75°	0.9659	0.2588	3.7321
31°	0.5150	0.8572	0.6009	76°	0.9703	0.2419	4.0108
32°	0.5299	0.8480	0.6249	77°	0.9744	0.2250	4.3315
33°	0.5446	0.8387	0.6494	78°	0.9781	0.2079	4.7046
34°	0.5592	0.8290	0.6745	79°	0.9816	0.1908	5.1446
35°	0.5736	0.8192	0.7002	80°	0.9848	0.1736	5.6713
36°	0.5878	0.8090	0.7265	81°	0.9877	0.1564	6.3138
37°	0.6018	0.7986	0.7536	82°	0.9903	0.1392	7.1154
38°	0.6157	0.7880	0.7813	83°	0.9925	0.1219	8.1443
39°	0.6293	0.7771	0.8098	84°	0.9945	0.1045	9.5144
40°	0.6428	0.7660	0.8391	85°	0.9962	0.0872	11.4301
41°	0.6561	0.7547	0.8693	86°	0.9976	0.0698	14.3007
42°	0.6691	0.7431	0.9004	87°	0.9986	0.0523	19.0811
43°	0.6820	0.7314	0.9325	88°	0.9994	0.0349	28.6363
44°	0.6947	0.7193	0.9657	89°	0.9998	0.0175	57.2900
45°	0.7071	0.7071	1.0000	90°	1.0000	0.0000	—

常用対数表 (1)

数	0	1	2	3	4	5	6	7	8	9
1.0	**.0000**	**.0043**	**.0086**	**.0128**	**.0170**	**.0212**	**.0253**	**.0294**	**.0334**	**.0374**
1.1	.0414	.0453	.0492	.0531	.0569	.0607	.0645	.0682	.0719	.0755
1.2	.0792	.0828	.0864	.0899	.0934	.0969	.1004	.1038	.1072	.1106
1.3	.1139	.1173	.1206	.1239	.1271	.1303	.1335	.1367	.1399	.1430
1.4	.1461	.1492	.1523	.1553	.1584	.1614	.1644	.1673	.1703	.1732
1.5	.1761	.1790	.1818	.1847	.1875	.1903	.1931	.1959	.1987	.2014
1.6	.2041	.2068	.2095	.2122	.2148	.2175	.2201	.2227	.2253	.2279
1.7	.2304	.2330	.2355	.2380	.2405	.2430	.2455	.2480	.2504	.2529
1.8	.2553	.2577	.2601	.2625	.2648	.2672	.2695	.2718	.2742	.2765
1.9	.2788	.2810	.2833	.2856	.2878	.2900	.2923	.2945	.2967	.2989
2.0	**.3010**	**.3032**	**.3054**	**.3075**	**.3096**	**.3118**	**.3139**	**.3160**	**.3181**	**.3201**
2.1	.3222	.3243	.3263	.3284	.3304	.3324	.3345	.3365	.3385	.3404
2.2	.3424	.3444	.3464	.3483	.3502	.3522	.3541	.3560	.3579	.3598
2.3	.3617	.3636	.3655	.3674	.3692	.3711	.3729	.3747	.3766	.3784
2.4	.3802	.3820	.3838	.3856	.3874	.3892	.3909	.3927	.3945	.3962
2.5	.3979	.3997	.4014	.4031	.4048	.4065	.4082	.4099	.4116	.4133
2.6	.4150	.4166	.4183	.4200	.4216	.4232	.4249	.4265	.4281	.4298
2.7	.4314	.4330	.4346	.4362	.4378	.4393	.4409	.4425	.4440	.4456
2.8	.4472	.4487	.4502	.4518	.4533	.4548	.4564	.4579	.4594	.4609
2.9	.4624	.4639	.4654	.4669	.4683	.4698	.4713	.4728	.4742	.4757
3.0	**.4771**	**.4786**	**.4800**	**.4814**	**.4829**	**.4843**	**.4857**	**.4871**	**.4886**	**.4900**
3.1	.4914	.4928	.4942	.4955	.4969	.4983	.4997	.5011	.5024	.5038
3.2	.5051	.5065	.5079	.5092	.5105	.5119	.5132	.5145	.5159	.5172
3.3	.5185	.5198	.5211	.5224	.5237	.5250	.5263	.5276	.5289	.5302
3.4	.5315	.5328	.5340	.5353	.5366	.5378	.5391	.5403	.5416	.5428
3.5	.5441	.5453	.5465	.5478	.5490	.5502	.5514	.5527	.5539	.5551
3.6	.5563	.5575	.5587	.5599	.5611	.5623	.5635	.5647	.5658	.5670
3.7	.5682	.5694	.5705	.5717	.5729	.5740	.5752	.5763	.5775	.5786
3.8	.5798	.5809	.5821	.5832	.5843	.5855	.5866	.5877	.5888	.5899
3.9	.5911	.5922	.5933	.5944	.5955	.5966	.5977	.5988	.5999	.6010
4.0	**.6021**	**.6031**	**.6042**	**.6053**	**.6064**	**.6075**	**.6085**	**.6096**	**.6107**	**.6117**
4.1	.6128	.6138	.6149	.6160	.6170	.6180	.6191	.6201	.6212	.6222
4.2	.6232	.6243	.6253	.6263	.6274	.6284	.6294	.6304	.6314	.6325
4.3	.6335	.6345	.6355	.6365	.6375	.6385	.6395	.6405	.6415	.6425
4.4	.6435	.6444	.6454	.6464	.6474	.6484	.6493	.6503	.6513	.6522
4.5	.6532	.6542	.6551	.6561	.6571	.6580	.6590	.6599	.6609	.6618
4.6	.6628	.6637	.6646	.6656	.6665	.6675	.6684	.6693	.6702	.6712
4.7	.6721	.6730	.6739	.6749	.6758	.6767	.6776	.6785	.6794	.6803
4.8	.6812	.6821	.6830	.6839	.6848	.6857	.6866	.6875	.6884	.6893
4.9	.6902	.6911	.6920	.6928	.6937	.6946	.6955	.6964	.6972	.6981
5.0	**.6990**	**.6998**	**.7007**	**.7016**	**.7024**	**.7033**	**.7042**	**.7050**	**.7059**	**.7067**
5.1	.7076	.7084	.7093	.7101	.7110	.7118	.7126	.7135	.7143	.7152
5.2	.7160	.7168	.7177	.7185	.7193	.7202	.7210	.7218	.7226	.7235
5.3	.7243	.7251	.7259	.7267	.7275	.7284	.7292	.7300	.7308	.7316
5.4	.7324	.7332	.7340	.7348	.7356	.7364	.7372	.7380	.7388	.7396

常用対数表（2）

数	0	1	2	3	4	5	6	7	8	9
5.5	.7404	.7412	.7419	.7427	.7435	.7443	.7451	.7459	.7466	.7474
5.6	.7482	.7490	.7497	.7505	.7513	.7520	.7528	.7536	.7543	.7551
5.7	.7559	.7566	.7574	.7582	.7589	.7597	.7604	.7612	.7619	.7627
5.8	.7634	.7642	.7649	.7657	.7664	.7672	.7679	.7686	.7694	.7701
5.9	.7709	.7716	.7723	.7731	.7738	.7745	.7752	.7760	.7767	.7774
6.0	**.7782**	**.7789**	**.7796**	**.7803**	**.7810**	**.7818**	**.7825**	**.7832**	**.7839**	**.7846**
6.1	.7853	.7860	.7868	.7875	.7882	.7889	.7896	.7903	.7910	.7917
6.2	.7924	.7931	.7938	.7945	.7952	.7959	.7966	.7973	.7980	.7987
6.3	.7993	.8000	.8007	.8014	.8021	.8028	.8035	.8041	.8048	.8055
6.4	.8062	.8069	.8075	.8082	.8089	.8096	.8102	.8109	.8116	.8122
6.5	.8129	.8136	.8142	.8149	.8156	.8162	.8169	.8176	.8182	.8189
6.6	.8195	.8202	.8209	.8215	.8222	.8228	.8235	.8241	.8248	.8254
6.7	.8261	.8267	.8274	.8280	.8287	.8293	.8299	.8306	.8312	.8319
6.8	.8325	.8331	.8338	.8344	.8351	.8357	.8363	.8370	.8376	.8382
6.9	.8388	.8395	.8401	.8407	.8414	.8420	.8426	.8432	.8439	.8445
7.0	**.8451**	**.8457**	**.8463**	**.8470**	**.8476**	**.8482**	**.8488**	**.8494**	**.8500**	**.8506**
7.1	.8513	.8519	.8525	.8531	.8537	.8543	.8549	.8555	.8561	.8567
7.2	.8573	.8579	.8585	.8591	.8597	.8603	.8609	.8615	.8621	.8627
7.3	.8633	.8639	.8645	.8651	.8657	.8663	.8669	.8675	.8681	.8686
7.4	.8692	.8698	.8704	.8710	.8716	.8722	.8727	.8733	.8739	.8745
7.5	.8751	.8756	.8762	.8768	.8774	.8779	.8785	.8791	.8797	.8802
7.6	.8808	.8814	.8820	.8825	.8831	.8837	.8842	.8848	.8854	.8859
7.7	.8865	.8871	.8876	.8882	.8887	.8893	.8899	.8904	.8910	.8915
7.8	.8921	.8927	.8932	.8938	.8943	.8949	.8954	.8960	.8965	.8971
7.9	.8976	.8982	.8987	.8993	.8998	.9004	.9009	.9015	.9020	.9025
8.0	**.9031**	**.9036**	**.9042**	**.9047**	**.9053**	**.9058**	**.9063**	**.9069**	**.9074**	**.9079**
8.1	.9085	.9090	.9096	.9101	.9106	.9112	.9117	.9122	.9128	.9133
8.2	.9138	.9143	.9149	.9154	.9159	.9165	.9170	.9175	.9180	.9186
8.3	.9191	.9196	.9201	.9206	.9212	.9217	.9222	.9227	.9232	.9238
8.4	.9243	.9248	.9253	.9258	.9263	.9269	.9274	.9279	.9284	.9289
8.5	.9294	.9299	.9304	.9309	.9315	.9320	.9325	.9330	.9335	.9340
8.6	.9345	.9350	.9355	.9360	.9365	.9370	.9375	.9380	.9385	.9390
8.7	.9395	.9400	.9405	.9410	.9415	.9420	.9425	.9430	.9435	.9440
8.8	.9445	.9450	.9455	.9460	.9465	.9469	.9474	.9479	.9484	.9489
8.9	.9494	.9499	.9504	.9509	.9513	.9518	.9523	.9528	.9533	.9538
9.0	**.9542**	**.9547**	**.9552**	**.9557**	**.9562**	**.9566**	**.9571**	**.9576**	**.9581**	**.9586**
9.1	.9590	.9595	.9600	.9605	.9609	.9614	.9619	.9624	.9628	.9633
9.2	.9638	.9643	.9647	.9652	.9657	.9661	.9666	.9671	.9675	.9680
9.3	.9685	.9689	.9694	.9699	.9703	.9708	.9713	.9717	.9722	.9727
9.4	.9731	.9736	.9741	.9745	.9750	.9754	.9759	.9763	.9768	.9773
9.5	.9777	.9782	.9786	.9791	.9795	.9800	.9805	.9809	.9814	.9818
9.6	.9823	.9827	.9832	.9836	.9841	.9845	.9850	.9854	.9859	.9863
9.7	.9868	.9872	.9877	.9881	.9886	.9890	.9894	.9899	.9903	.9908
9.8	.9912	.9917	.9921	.9926	.9930	.9934	.9939	.9943	.9948	.9952
9.9	.9956	.9961	.9965	.9969	.9974	.9978	.9983	.9987	.9991	.9996

高専の数学教材研究会

編集委員（五十音順）

阿蘇 和寿	石川工業高等専門学校名誉教授	［執筆代表］
梅野 善雄	一関工業高等専門学校名誉教授	
佐藤 義隆	東京工業高等専門学校名誉教授	
長水 壽寛	福井工業高等専門学校教授	
馬渕 雅生	八戸工業高等専門学校教授	
柳井 忠	新居浜工業高等専門学校教授	

執筆者（五十音順）

阿蘇 和寿	石川工業高等専門学校名誉教授
梅野 善雄	一関工業高等専門学校名誉教授
大貫 洋介	鈴鹿工業高等専門学校准教授
小原 康博	熊本高等専門学校名誉教授
片方 江	一関工業高等専門学校准教授
勝谷 浩明	豊田工業高等専門学校教授
栗原 博之	茨城大学准教授
古城 克也	新居浜工業高等専門学校教授
小中澤聖二	東京工業高等専門学校教授
小鉢 暢夫	熊本高等専門学校准教授
小林 茂樹	長野工業高等専門学校教授
佐藤 巖	小山工業高等専門学校名誉教授
佐藤 直紀	長岡工業高等専門学校准教授
佐藤 義隆	東京工業高等専門学校名誉教授
高田 功	明石工業高等専門学校教授
徳一 保生	北九州工業高等専門学校名誉教授
冨山 正人	石川工業高等専門学校教授
長岡 耕一	旭川工業高等専門学校名誉教授
中谷 実伸	福井工業高等専門学校教授
長水 壽寛	福井工業高等専門学校教授
波止元 仁	東京工業高等専門学校准教授
松澤 寛	神奈川大学准教授
松田 修	津山工業高等専門学校教授
馬渕 雅生	八戸工業高等専門学校教授
宮田 一郎	元金沢工業高等専門学校教授
森田 健二	石川工業高等専門学校教授
森本 真理	秋田工業高等専門学校准教授
安冨 真一	東邦大学教授
柳井 忠	新居浜工業高等専門学校教授
山田 章	長岡工業高等専門学校教授
山本 茂樹	茨城工業高等専門学校名誉教授
渡利 正弘	芝浦工業大学特任准教授/クアラルンプール大学講師

（所属および肩書きは 2020 年 12 月現在のものです）

監修者

上野　健爾　京都大学名誉教授・四日市大学関孝和数学研究所長
　　　　　　理学博士

編集担当　太田陽喬（森北出版）
編集責任　上村紗帆（森北出版）
組　　版　ウルス
印　　刷　創栄図書印刷
製　　本　同

高専テキストシリーズ
基礎数学問題集（第 2 版）　　　　　ⓒ 高専の数学教材研究会　2021

2011 年 11 月 28 日　　第 1 版第 1 刷発行　　　【本書の無断転載を禁ず】
2020 年 2 月 10 日　　第 1 版第 9 刷発行
2021 年 1 月 29 日　　第 2 版第 1 刷発行
2022 年 3 月 15 日　　第 2 版第 2 刷発行

編　　者　高専の数学教材研究会
発 行 者　森北博巳
発 行 所　森北出版株式会社
　　　　　東京都千代田区富士見 1-4-11（〒102-0071）
　　　　　電話 03-3265-8341／FAX 03-3264-8709
　　　　　https://www.morikita.co.jp/
　　　　　日本書籍出版協会・自然科学書協会　会員
　　　　　JCOPY ＜（一社）出版者著作権管理機構　委託出版物＞

落丁・乱丁本はお取替えいたします.

Printed in Japan／ISBN978-4-627-05572-8

MEMO

MEMO

MEMO